AVR 单片机应用专题精讲

邵子扬 编著

北京航空航天大学出版社

内 容 简 介

本书介绍了 AVR 单片机实际应用方面的常用技巧,包括 5 个专题,分别是宏的使用技巧、编程技巧、通信接口的使用技巧、AVRUSB 的使用技巧以及 Bootloader。每个专题都在实践的基础上深入讲解,并且提供了完整而详细的参考程序和 proteus 仿真例程(参见配套光盘),方便读者快速练习,或者在此基础上进行修改或移植。

虽然本书是以 AVR 单片机为基础进行介绍的,但是很多方法和内容同样适用于其他系列微控制器,如 ARM Cortex 系列,详细请参考相关章节。

本书适合有一定基础的单片机工程师和爱好者阅读参考。

图书在版编目(CIP)数据

AVR 单片机应用专题精讲 / 邵子扬编著. --北京 :
北京航空航天大学出版社,2013.3
ISBN 978 - 7 - 5124 - 1070 - 1

Ⅰ. ①A… Ⅱ. ①邵… Ⅲ. ①单片微型计算机 Ⅳ.
①TP368.1

中国版本图书馆 CIP 数据核字(2013)第 035474 号

AVR 单片机应用专题精讲
邵子扬 编著
责任编辑 董立娟
*
北京航空航天大学出版社出版发行
北京市海淀区学院路 37 号(邮编 100191) http://www.buaapress.com.cn
发行部电话:(010)82317024 传真:(010)82328026
读者信箱: emsbook@gmail.com 邮购电话:(010)82316936
涿州市新华印刷有限公司印装 各地书店经销
*
开本:710×1 000 1/16 印张:13.75 字数:293 千字
2013 年 3 月第 1 版 2013 年 3 月第 1 次印刷 印数:3 000 册
ISBN 978 - 7 - 5124 - 1070 - 1 定价:36.00 元(含光盘 1 张)

前　言

本书的由来

作者是一名电子工程师和单片机爱好者,使用 AVR 单片机有较长的时间了。在项目开发过程中遇到过很多问题,其中很多问题都是书中和数据手册中没有提到的,或者是解答比较简略而不太容易解决的。因此,作者在长期解决问题的过程中,逐渐积累了一些经验和技巧,能够对 AVR 单片机的开发起到一些作用。作者在网络论坛、技术交流活动和研讨会上,也经常看到很多工程师提出一些作者以前碰到过的类似问题,却不知道怎样去解决;或者解决问题中使用的方法不太适当,造成开发过程中走了弯路;有时还会因为某个具体的应用缺少相关的资料和说明文档,结果在使用过程中出现一些困难。因此,想把自己在 AVR 单片机开发过程中积累的一些经验和技巧拿出来和大家分享、交流和探讨,希望本书介绍的内容能够对大家有所启发,对实际工作带来促进作用,少走一些弯路。同时,也想把这本书作为这些年开发工作的一个小结。

本书特点

本书深入介绍了一些有实用价值的 AVR 单片机使用技巧。和其他书不同,这里不是简单地介绍一下单片机的原理,然后给出一些原理图和参考代码就完了,而是有针对性地通过 5 个专题(宏的使用、编程、通信接口、AVRUSB、Bootloader)详细介绍一些应用的具体使用方法,讲解这种方法的工作原理,分析使用中的常见问题和注意事项,再给出解决方法或者改进方法,以及关键部分的参考代码。"授人以鱼不如授人以渔",掌握方法非常重要,这样才能举一反三。所以本书的重点不在于程序代码和设计图纸等,而在于问题的分析、思路和解决方法。

此外,作者不是想写一本大而全的 AVR 单片机的参考书,也不是数据手册的翻译或者是网络论坛中各种应用文摘的收集。这本书讲述了一些 AVR 单片机实际应用方面的技巧,均来自于作者实际工作中解决过的问题,或是从实用角度出发,加上了作者的理解和对问题的分析,使读者更容易接受和理解,从而更快掌握解决问题的方法,并能应用到实际项目中。

本书也不是一本专门搜集各种技巧、使用大全、使用指南方面的书,而只介绍了作者认为比较重要、能够在实际项目中起到一定作用的方面。书中的内容是非常有针对性的,如 AVR 单片机中非常重要应用 Bootloader 和 AVRUSB。

本书读者对象

本书不适合于 AVR 单片机的初学者,而是针对有一定基础的单片机爱好者和工程师写的,是一本对单片机实际应用进行深入探讨的书。

本书是基于 AVR 单片机介绍的,但是其中的方法并不局限于 AVR 单片机,在很多其他的单片机或微控制器上(如 ARM Cortex 系列)也可以使用。因为现在的单片机,虽然型号、制造厂家、内核的架构不同,内部的指令和编译器也不同,但是它们的很多功能和特性是相似的,特别是基本外设功能模块是类似的,这就给用户系统的移植带来了可能和方便,所以也可以将很多方法应用到其他不同的单片机中。

本书所有的例子都使用 AVRGCC 编译器进行开发,在 Windows 下使用 AVRStudio 4.18 集成开发环境和 WinAVR20100110 编译器(或者使用 AVR Tool-Chain 作为编译器,因为目前 WinAVR 已经停止更新)。如果使用不同版本的 AVRGCC 编译器和其他 IDE 软件,个别地方会有一点差异,但是对整体应用没有影响。对于其他的 C 编译器(如 ICC、IAR、CodeVisionAVR 等),程序不能直接编译,需要适当修改和移植。同时大部分例子还提供了 Proteus 软件仿真的例程,方便读者在没有目标板的情况下直接验证设计、仿真运行、查看结果。

配套资源

本书不会在正文中列出过多完整的例子程序,因为往往程序中真正关键的部分就是很少的几个函数或者几行代码,完整而复杂的程序并不能帮助读者了解作者的思路和掌握使用方法,反而容易将思路误导到其他地方,增加了理解的难度。所以本书先讲解问题和思路,再列举出相关程序的关键函数和代码加以分析。有些地方甚至会使用伪代码来表示,这样更清晰。完整的程序和代码可以在本书配套光盘、作者的网站和博客中找到。

作者的联系方式:Email:shaoziyang@126.com。

博客:http://bbs.ednchina.com/BLOG_shaoziyang_8293.HTM。

致　谢

本书最初计划是由作者、青岛网友郭建和杭州网友马可一起编写,各自完成一部分内容。因为工作繁忙和其他一些原因,很遗憾郭建和马可没有继续下去,但是这里还是要对他们曾经的帮助和努力表示感谢。最后还要对北京航空航天大学出版社的支持表示感谢,使作者有机会能够和大家在 AVR 单片机上进行交流和探讨。

限于作者的理解和水平,书中给出的方法不一定是最好的,程序代码也不一定是最优的,有些地方甚至可能还会存在着错误。如果读者发现了书中的错误,或者有更好的解决方法,欢迎大家指出,或者一起进行深入探讨。

邵子扬

2012 年 10 月

目　录

专题一
宏的使用技巧

本章将重点介绍宏指令的使用技巧。这一章是本书重要的环节，介绍了在 AVR 单片机中使用宏的一些方法和技巧，使编写代码变得有趣而简单，同时它也是一种非常有效和灵活的代码移植的方法。

宏指令（简称宏）是编译指令的一部分，是为了辅助编程而设计的。宏本身并不是程序运行流程的一部分，在用户程序运行时是没有任何影响的。宏指令只在编译过程时起作用，在编译过程中编译器根据宏指令的内容执行相应的动作，而在编译完成后生成的二进制代码中是没有宏的。宏不直接控制用户程序，而是间接影响用户程序。从这个角度来说，宏属于编译器那一部分，而并不是属于用户程序这一部分的。随着 C 语言的发展，宏的功能也越来越强，可以实现很多功能，对编程的帮助也越来越大，已经成为编程中不可缺少的部分。宏的很多指令和 C 语言是类似的，语法也是类似的。

正是因为宏指令可以在编译时影响到编译的流程，所以如果我们能够正确使用宏指令，在某些时候就可以起到简化编程、方便调试的效果。特别是现在大部分高级语言编译器的宏指令本身功能已经非常强大，只要有针对性地使用宏，再加上灵活使用一些小技巧、小方法，就可以实现简化代码编写、代码维护、方便程序移植等目的，甚至还可以实现一些使用正常代码难以实现的功能。

根据功能的不同，宏可以划分为以下几类：

➢ 宏定义；
➢ 特殊用法；
➢ 编译控制；
➢ 编译器内部预定义的宏；
➢ 编译器扩充的宏。

这几种宏的用法中，编译器扩充的宏不具有普遍性，因此它不在本文的讨论范围之内。宏指令是与编译器相关的，所以它的功能和实现是依赖于编译器的。同样的宏在不同的编译器中就可能存在一定的差异,编译后的结果也不尽相同。幸运的是,大部分 C 编译器(包括 Windows、Linux 和单片机的 C 编译器)对宏指令的解析是类似的,所以宏使用的基本方法也是通用的,这样我们运用宏指令时也就具有了一定的通用性,特别是在不同单片机或嵌入式系统的 C 编译器中就具有了通用性。这也给我们利用宏实现一些特殊功能带来了可能,如单片机 I/O 的使用、外设的控制等,下面将详细介绍这些方法。

1.1 常用的宏

在介绍一些相对复杂的使用技巧前,让我们先回顾一下常用的一些宏指令。这些应该是宏最基本的使用方法,大家可能早就都知道了。不过这里还是简单归纳一下,也是为后面的内容做一点铺垫,从而更加容易理解。

1. ♯define

♯define 可以说是使用频率最高的宏指令,几乎在任何程序中,特别是头文件中都可以看到它。一般情况下使用 ♯define 可以将使用频率较高而又不需要在程序运行中变化的常数或参数使用一个比较容易记忆或理解的符号来代替,方便编写代码。在程序编译时,编译器会自动用 ♯define 定义的内容替换。如果以后需要改变这个常数或参数,只需要修改 ♯define 后对应的内容即可,无须修改程序中的代码,从而简化编程,提高代码的使用效率。也可以使用 ♯define 定义一个表达式,或者定义成任意内容。

从某种意义上说,♯define 和 const 关键字是有些类似的。它们都可以定义一个常量,方便在后面的代码中使用。不过 ♯define 的功能更多一些,它可以用任何一个符号或字符串代替另外的内容;而 const 只能作为定义变量时的修饰符。♯define 是使用频率最高的宏之一,也是后面介绍的宏使用技巧的基础。

2. ♯include

使用 ♯include 可以在一个程序中引用另外一个文件的内容,如:

```
♯include <avr/io.h>
♯include <stdio.h>
♯include "user.h"
```

使用 include 可以将程序中常用或者共用部分的内容分离出来,保存到一个文件中,供其他文件引用。它可以极大地提高代码复用率,是一种非常有效的编程技巧。♯include 也是最常用的宏之一。

在使用 ♯include 时,后面跟随的是头文件的文件名。如果文件名是使用尖括号 <> 括起来的,那么说明这个文件通常是编译器自带的系统头文件,首先在编译器的

include 文件夹里查找这个文件;如果是使用双引号""括起来的,通常是用户自定义头文件,优先在文件当前目录下查找这个文件。

3. ♯if

C 语言中,if 是条件判断指令,是常用的功能之一。而在宏指令里面,同样也有条件判断指令:♯if。它和 C 语言中 if 关键字的功能很类似:可以在♯if 中使用表达式,根据表达式的真假(和 C 语言中一样,0 代表假,非 0 代表真)决定是否编译♯if 中包含的代码,实现更为复杂的功能。宏里面的表达式和 C 语言的表达式非常相似,不过又有它的特点,这将在后面逐步说明。

♯if 的基本用法是:

```
♯if XXX
//用户代码
♯endif
```

C 语言的 if 中允许多个条件进行组合逻辑判断,在宏定义中也是允许这样的,用法类似,如:

```
♯if (A > 1) || (B < 2)
♯if (A > 1) && (B < 2)
♯if ! (F_CPU < 1000000)
```

C 语言中除了 if 外,还有关键字 else,用来改变程序流程。宏里面同样也有♯else,功能和用法也是类似的。和 C 语言中的 else 需要与 if 配对使用一样,♯else 也必须配合♯if 使用,不能单独使用。同样,♯if 是可以嵌套使用的。

此外,♯if 必须和♯endif 成对使用,代表♯if 的定义范围。在 C 语言中可以用大括号对{}来设定 if 的定义范围,而宏里面没有这样的用法,所以需要使用♯endif 来设定♯if 的定义范围。

虽然♯if 和 C 语言的 if 很类似,但是它们还是有很大不同的。在 C 语言中,无论 if 中的代码是怎么样的,if 包含部分的所有代码都会生成有效二进制代码,会占用程序空间;而在宏里面,只有满足条件的那部分才会加入到编译过程中,允许编译器产生代码,否则这部分代码是不会进行编译的。所以在程序调试时,往往会使用♯define 预先定义一些宏,然后用♯if 包含一些特定的调试语句,方便调试;调试完成后只要去掉预定义的宏就不会将调试代码包含到最终的目标文件中。而在程序移植时,经常使用♯if 来使程序适应不同型号的单片机,提高代码的通用性。

4. ♯ifdef / ♯ifndef

♯ifdef 和♯ifndef 也属于条件分支类的宏,用来判断一个宏是否定义。它的用法有些类似于♯if,但是又有一些不同。

＃ifndef 的基本用法是：

```
# ifndef XXXX
//其他宏定义或申明
# endif
```

XXXX 没有定义过时，就会将包含的代码进行编译。使用＃include 包含一个头文件时，通常就会使用到＃ifndef，可以防止在多个文件引用相同的头文件时造成文件的内容被重复引用或者递归引用。所以几乎在所有头文件的一开始，都会看到＃ifndef 这个宏，如系统头文件"stdlib. h"中是这样定义的：

```
# ifndef _STDLIB_H_
# define    _STDLIB_H_ 1
...
...
# endif / * _STDLIB_H_ * /
```

＃ifdef 的用法和＃ifndef 类似，只是一个判断宏是否被定义，一个判断宏是否没有定义。就像是特殊的条件语句，一个是判断真，一个是判断假。和＃if 类似，＃ifdef/＃ifndef 必须与＃endif 成对使用，就像在程序中大括号{}总是成对使用一样。

还有一个与＃ifdef 类似的宏指令是 defined，也可以用来判断是否定义了某个宏变量。defined 的用法是：

```
# if defined(XXX)
//其他宏定义或申明
# endif
```

如在头文件＜avr/io. h＞中，我们可以看到这样的定义：

```
# if defined (__AVR_AT94K__)
#   include <avr/ioat94k. h >
# elif defined (__AVR_AT43USB320__)
#   include <avr/io43u32x. h >
# elif defined (__AVR_AT43USB355__)
#   include <avr/io43u35x. h >
# elif defined (__AVR_AT76C711__)
#   include <avr/io76c711. h >
...
...
# else
#   if! defined(__COMPILING_AVR_LIBC__)
#     warning "device type not defined"
#   endif
# endif
```

5．♯error 和 ♯warning

　　这是两个不算太常用的宏,可能很多人都不太熟悉。这两个宏是用来在编译时输出特定消息的,从某种意义上看,有点像 C 语言中的 printf 函数,只不过它们是在编译过程中输出消息,输出的内容显示在编译提示信息中;而 printf 是在程序运行时打印消息,输出对象是控制台。♯error 用于输出错误提示,在编译时强制产生编译错误,并中止编译进程;而 ♯warning 则是产生一个告警消息,但不会中止编译。它们往往是和前面介绍的 ♯if、♯else 等宏配合使用的,在特定条件下输出告警消息或者中止编译,如:

```
# if XXXX
# warning "some warning message"
# endif
```

　　或

```
# if XXXX
# error "any error message"
# endif
```

　　灵活使用 ♯error 和 ♯warning 可以在编译程序时实现类似 printf 那样的效果,方便程序调试和检查错误。

　　♯error 和 ♯warning 后的内容可以不用引号""括起来,它会将后面的内容自动作为字符串;如果使用了引号字符"",它也会作为字符串的一部分。此外,♯error 和 ♯warning 只能输出标准的字符串,而不支持表达式,也就是说,它会将后面的内容原封不动地全部显示出来。需要注意的是,目前在 GCC 中,♯error 和 ♯warning 输出的内容不支持中文或特殊字符,这些特殊字符会显示成乱码,就是说在输出的消息中只能使用英文和数字等标准 ASCII 码(有的编译器是支持输出中文的,如 Keil C51)。

1.2　几个宏的特殊用法

　　前面简单总结了一下常用的宏指令以及宏的基本用法,下面将进一步介绍一些宏的特殊用法。这里虽然是基于 AVR GCC 来介绍这些技巧的,但是因为 C 语言的通用性和标准性,所以很多技巧在其他的嵌入式 C 编译器上也可以使用,甚至在计算机上的 C 编译器中也能使用(或者说嵌入式 C 编译器保留了 PC 上 C 编译器的许多特性)。

1.2.1　井号 ♯

　　我们知道,C 语言的很多编译指令都是以 ♯ 字符开头的,如 ♯ defnie、♯ if、♯

else、♯elif、♯endif 等。但是在宏指令中，♯ 还有一些特殊的用法：如果在宏 ♯ de-fine 的参数中使用 ♯，则可以将参数转换为字符串，如：

```
♯define STR(s)    ♯s
```

那么语句：

```
printf(STR(ABC));
```

就等效为：

```
printf("ABC");
```

1.2.2 双井号 ♯♯

还有一个更有用的特殊用法：♯♯（注意这两个井号是相连的，中间没有空格，也没有其他字符）。♯♯代表什么呢？这个宏的含义就是将 ♯♯ 前后的两个字符串连接起来，形成一个新的字符串。例如：

```
♯define CONCAT(a, b)    a ♯♯ b
♯define DDRLED   CONCAT(DDR, C)
```

那么 DDRLED 的结果就是 DDRC。编译的时候，在程序中使用 DDRLED 的地方编译器会自动将结果替换为 DDRC。

在 AVRUSB 中就大量使用了这样的宏定义，如在文件 usbdrv. h 中就有如下定义：

```
♯define USB_CONCAT(a, b)              a ♯♯ b
♯define USB_CONCAT_EXPANDED(a, b)     USB_CONCAT(a, b)
♯define USB_OUTPORT(name)             USB_CONCAT(PORT, name)
♯define USB_INPORT(name)              USB_CONCAT(PIN, name)
♯define USB_DDRPORT(name)             USB_CONCAT(DDR, name)

♯define USBOUT              USB_OUTPORT(USB_CFG_IOPORTNAME)
♯define USB_PULLUP_OUT      USB_OUTPORT(USB_CFG_PULLUP_IOPORTNAME)
♯define USBIN               USB_INPORT(USB_CFG_IOPORTNAME)
♯define USBDDR              USB_DDRPORT(USB_CFG_IOPORTNAME)
♯define USB_PULLUP_DDR      USB_DDRPORT(USB_CFG_PULLUP_IOPORTNAME)
```

正是因为灵活使用了 ♯♯ 宏，所以在 VUSB 中只需要在配置文件 usbconfig. h 中修改 USB 对应的 IO 引脚号，就可以快速将 VUSB 从一个型号的单片机移植到另外的型号上，而不用修改源程序中任何与 IO 部分相关的代码。程序会自动根据分配的 IO 利用宏生成对应的寄存器，这种方法非常有效。

上面是使用了 ♯♯ 将两个字符串连接起来，同样也可以用类似的方法将更多的字符串连接起来，如：

```
#define CONCAT3(A, B, C)   A##B##C
```

使用 ## 还可以连接更多的字符串，连接后的宏定义是所有字符串的累加。虽然不知道字符串连接次数是否有数量限制（与具体的编译器有关），但是需要注意连接后字符串的总长度不要超过编译器的限制。使用 ## 这个特殊方法可以实现一些特别的技巧，后面会更加详细地说明。

1.2.3　取特定参数

下面是宏的一种特殊用法，可以用来获取宏引用时特定的参数：

```
#define UTIL_ARG1(a, b) a
#define UTIL_ARG2(a, b) b
```

第一个宏是取两个参数中的第一个，第二个宏则是取第二个参数。

如果定义下面的宏：

```
#define LED C, 1
```

那么 UTIL_ARG1(LED)的结果就是 C，UTIL_ARG2(LED)的结果就是 1。

利用这个方法还可以获取 3 个参数中的任意一个，或者更多参数中的一个，如：

```
#define UTIL_ARG31(a, b, c) a
#define UTIL_ARG42(a, b, c, d) b
```

这个用法非常特殊，但是也非常简洁，它是我们后面介绍的一些宏使用技巧的基础。关于这个宏的更多使用方法和作用将在后面详细说明。

1.2.4　将编译时间保存到目标代码中

有时我们希望将程序编译时的时间和日期嵌入到最终生成的目标代码中，就像有些数码相机拍照时可以将拍摄的时间嵌入到照片的画面中一样，这样对于今后软件的维护是很有帮助的。这时就可以使用到编译器预定义的宏：__DATE__ 和 __TIME__。（注意，这两个宏在 DATE 和 TIME 单词的前后各有两个单下划线，缺少下划线就会造成错误，下划线有时会因为印刷或者字体缘故造成显示不太清晰；此外字母 DATE 和 TIME 都必须是大写的，因为默认情况下 C 语言是区分大小写的。宏 __DATE__ 代表编译时的日期，而宏 __TIME__ 代表编译时的时间，在编译过程中，编译器会自动使用计算机的当前时间替换宏的内容，替换的结果是一个字符串。

为了将程序编译时的时间和日期嵌入到编译后的目标的代码中，我们可以在程序中做如下定义：

```
const char BUILD_TIME[] = __TIME__;
const char BUILD_DATE[] = __DATE__;
```

或者使用 PROGMEM 修饰符将变量定义到 Flash 空间中，这种方法更加符合

AVRGCC 的风格。而且这样产生的代码更小,效率更高,因为它将数值直接保存到 Flash 中,不占用 RAM 空间,而前一种方法会占用一定的 RAM 空间。在使用 PROGMEM 前,不要忘记需要包含相应的头文件"pgmspace.h"。

```
#include <avr/pgmspace.h>
PROGMEM char BUILD_TIME[] = __TIME__;
PROGMEM char BUILD_DATE[] = __DATE__;
```

使用任意支持 HEX/BIN 转换的软件时(比如本书后面介绍的 AVR 通用 Boot-loader 的下载软件 AVRUBD),将编译后的 HEX 文件转换成 BIN 格式就可以看到本例编译时的时间和日期。AVRUBD 的 BIN 缓冲区的显示效果如图 1-1 所示。

图 1-1 AVRUBD 的 BIN 缓冲区显示效果

关于变量在编译后 BIN 文件中的位置,可以用文本编辑软件打开编译临时文件 *.map 来查找对应的变量名。如这个例子产生的 map 文件中,我们可以看到这样的声明:

```
*(.vectors)
*(.progmem.gcc *)
*(.progmem *)
.progmem.data   0x00000026      0x15 main.o
                0x00000026              BUILD_TIME
                0x0000002f              BUILD_DATE
                0x0000003c              . = ALIGN (0x2)
*fill *         0x0000003b      0x1 00
                0x0000003c              __trampolines_start = .
```

这就很容易看出变量所在的地址了。当然也可以指定变量在 Flash 中的位置,从而方便地从程序中指定位置引用变量了。关于 __DATE__ 和 __TIME__ 的例子可以参考附带光盘的 macro/01 目录下的例程。

除了 __DATE__ 和 __TIME__ 外,还有 __FILE__ 和 __LINE__ 等宏,__FILE__ 代表当前的文件名,__LINE__ 代表当前的行号。__FILE__ 和 __LINE__ 宏在调试时很有用,可以在编译时,使用前面介绍的 #warning 和 #error 输出告警或故障点的位置。__DATE__、__TIME__、__FILE__、__LINE__ 等几个编译器预定义的宏是标准 C 规定的,几乎所有的 C/C++ 编译器都支持这些宏,如果灵活使用这些宏,可以给程序调试和维护带来很大的方便。

1.2.5 编译版本号的问题

在一些 PC 机的开发软件中还有这样一个功能,可以自动记录程序 Build 的版本号(Build Number),就是在代码每成功编译一次后自动将 Build 序号加一,这样可以很方便地区分出编译的不同程序。有些读者可能会想:AVR 中有没有类似的功能呢?很可惜的是,目前的 AVRGCC 编译器和 AVR Studio4 中还没有这样的功能(据说 CodeVisionAVR 编译器中有这样的功能,因为笔者从来没有用过,所以暂时无法确认这一点),但是可以自己使用第三方软件完成这个功能。例如,作者就专门为 Build 号管理开发了这样一个小软件 abnum(Auto Build Number),它可以监视目标文件的变化,然后自动递增 Build 号并保存到指定文件中(可以是 C 语言的头文件),这样重新编译后就会将 Build 信息保存到目标文件中。

下面简单介绍一下软件的使用方法。abnum 是一个绿色软件,无须安装就可以使用。运行主程序 abnum.exe,则显示如图 1-2 所示的主界面。

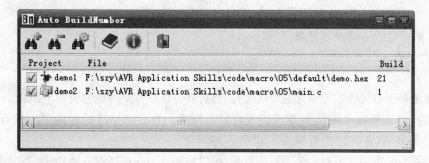

图 1-2 abnum 主界面

单击工具栏的 图标,可以添加一个新的项目。在如图 1-3 所示的项目选项中设置好需要监视的文件、输出文件、输出文件格式、初始的 Build 号等相关参数后,就会在主窗体显示建立的监视项目。也可以直接从资源管理器中拖放需要监视的目标文件到软件的主窗体,这样更加简单。abnum 可以同时管理多个项目。

如果双击一个项目,或者选中窗体中的一个监视项目并单击工具栏的 图标,就可以编辑一个已有的项目,可以修改监视项目的输出文件、输出格式以及修改当前的 Build Number 等参数。输出文件的格式默认是 C 语言的头文件的格式。输出内容类似下面的内容:

```
/*
Create by Auto BuildNumber 1.0, 2012-4-18 23:13:24
http://sites.google.com/site/shaoziyang/Home/my-software
mailto:Shaoziyang@gmail.com? subject=about aBN
*/
#ifndef _BUILDER_NUMBER_H_
```

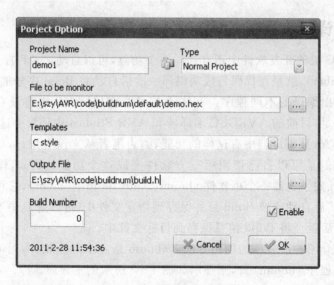

图 1 - 3   Project Option 对话框

```
# define _BUILDER_NUMBER_H_  1
# define __BUILD__  21
# endif
```

在用户项目文件中先包含这个头文件,然后就可以在需要的地方引用__BUILD__宏。此外也可以选择输出纯文本方式或者自定义格式。自定义格式的模版可以按自己习惯或需要编写,在软件中有简要的说明。

如果临时需要取消对一个项目的监视,可以将项目前的选择框取消,如图 1 - 4 所示。

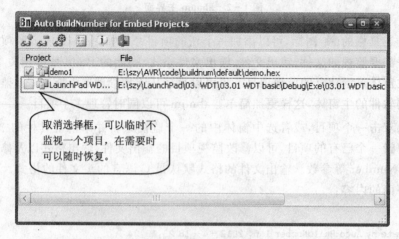

图 1 - 4   取消项目的监控

abnum 会定时检测被监视的文件,如果软件检测到文件发生了变化,则自动产生新的 BuildNumber 并更新对应的文件,同时在系统的图标区(TrayIcon)中以动画方式提示有项目进行了更新。

如果希望退出软件,则需要单击工具栏上的 图标。直接单击右上角的关闭按钮并不会自动关闭软件,而是自动隐藏软件,和最小化的效果相同,这是为了防止软件被意外关闭而设置的保护。此外,软件使用 ini 文件保存所有的参数,而没有使用注册表,所以即使重新安装了操作系统或者改变了软件的位置也不需要再次设置需要监视的项目。

单击工具栏上的 图标,可以查看简要的软件帮助和使用说明。

从上面的介绍中可以看出,abnum 不只可以支持 AVR 单片机的开发,在其他嵌入式软件的开发中,甚至编辑任何文件时都可以使用。abnum 软件使用了开源软件 Lazarus＋FreePascal(和 Delphi 非常类似的开发工具软件)进行开发。因为 Lazarus 具有良好的跨平台特性,号称可以"write once,compile anywhere",因此 abnum 也可以很容易地在 Linux 上使用(只需要重新编译一下源码)。这个小工具本身也是一个开源软件,读者可以在作者的博客、Google 网站或本书的光盘中找到它的源码。

1.3　宏在 AVR 单片机中的应用

1.3.1　使用宏简化程序的移植

AVR 单片机有很多型号,而且每年还在不断推出新的型号,有时我们会遇到这样的情况,需要使用新型号的单片机替换旧型号的单片机。有些新型号的 AVR 单片机是针对旧型号的升级,比如 ATmega88 和 ATmega8。虽然它们的功能模块、封装等都是一样,引脚也是全兼容的,但是很多寄存器的名称却发生了变化,比如串口寄存器 UDR 变成了 UDR0(尽管 ATmega88 也只有一个串口)、定时器 TIMSK 变为 TIMSK1 等。虽然从整体上看变化不大,只有部分寄存器为了符合新的命名规范在名称中增加了数字序号,但是在程序移植时修改起来却是非常麻烦的。如果我们一个一个语句地去修改,不但工作量大、麻烦,而且也容易出现遗漏,甚至出现修改错误的情况。如果分别针对两种单片机写两种不同的程序,则会增加很多不必要的额外维护工作。在这种情况下,如果我们灵活使用宏,可以很简单地解决这个问题。

以 ATmega8 和 ATmega88 为例,先看下面这段代码:

```
# ifdef UBRR0L
#     define UBRRH     UBRR0H
#     define UBRRL     UBRR0L
#     define UCSRA     UCSR0A
#     define UCSRB     UCSR0B
#     define UDR       UDR0
#     define RXEN      RXEN0
```

```
#    define TXEN      TXEN0
#    define UDRE      UDRE0
#    define RXCIE     RXCIE0
#endif
```

首先使用宏#ifdef UBRR0L,判断是否定义了寄存器 UBRR0L。如果没有定义寄存器 UBRR0L,说明使用的型号是 ATmega8 等旧型号;否则,就是使用了 AT-mega88 等新型号的单片机。在使用新型号的单片机时,用新型号中变化了名称的新寄存器替换旧寄存器,这样编译器就可以正确识别出不同型号单片机对应的寄存器。把上面这段代码加到程序中后,无论使用 ATmega8 或者 ATmega88,都不需要修改主程序,只需要在项目属性中重新指定一下芯片的型号,在编译时就可以编译出正确的目标代码,从而极大地减轻了程序维护的工作量。

这段参考代码来自于著名的 AVR droper 项目中的文件 hardware.h。因为早期 ATmega8 单片机是 DIY 时最常用的 AVR 单片机,所以很多 DIY 的例子都是以 ATmega8 为例。但是现在 ATmega8 已经停产,ATMEL 公司推出了 ATmega8A、ATmega88、Atmega88A 等兼容的新型号,所以现在通常会使用新型号单片机,这时就需要到使用上面的方法进行程序移植。

如果在你的项目中遇到类似情况,就可以采用这个方法。如果在项目中还使用到了其他不在列表中的寄存器,也可以仿照上面的方法将用到的寄存器添加到替换列表中。这个方法的实质就是通过宏将这些有变化的寄存器重新映射,用新的寄存器名替换旧寄存器名,从而避免了修改主程序。

1.3.2 关于波特率计算时的四舍五入

在 AVR 中,串口波特率寄存器的计算公式是(在 U2X = 0 时):

```
UBRR = F_CPU / (16 * BAUDRATE) - 1
```

通常情况下,我们不会随便改变通信的波特率,所以一般会把波特率定义成一个常数,然后在程序中使用上面的波特率寄存器计算公式,根据波特率和系统时钟频率自动计算串口波特率寄存器 UBRR。这样在改变系统时钟或改变波特率时,可以自动由编译器计算出相应的数值,而不用手工去修改串口初始化部分程序的数值。在大部分数据手册以及很多参考程序、参考资料给出的参考代码是这样的:

```
#define F_CPU       10000000UL
#define BAUDRATE    9600
#define BAUDREG     (F_CPU / (16 * BAUDRATE)) - 1
void UART_init()
{
    ...
    ...
```

```
    UBRR = BAUDREG;
    ...
    ...
  }
```

粗看上去,这段代码没有问题,实际使用中一般也没有什么问题。但是它却忽视了一点,无论是使用宏的表达式计算还是 C 语言的表达式去计算,在计算后这个数值会被自动转换为整数,并舍去小数部分。需要注意的是这个过程是取整,而不是四舍五入。如果计算的结果正好是整数,就没有计算误差;如果计算结果中存在小数,比如无论计算出的数值是 5.1 还是 5.9,取整后最后结果都是 5。这样在某些情况下,会使波特率计算出的结果误差超过 2%,造成通信中误码率很高,而实际上串口通信的误差是可以小于 2% 的,比如:

$$F\_CPU = 10 \text{ MHz}, BAUDRATE = 57\ 600 \text{ bps}$$

那么波特率寄存器

$$UBRR = 10\ 000\ 000 / (16 \times 57\ 600) - 1 = 9.85 = 9$$

那么波特率误差是

$$Derr = (10\ 000\ 000 - (9 + 1) \times 16 \times 57\ 600) / 10\ 000\ 000$$
$$= 0.0784 = 7.84\%$$

超出了串口通信允许的 2% 误差。而实际上,如果将计算结果四舍五入的话,UBRR就会等于 10,这时的波特率误差将是:

$$Derr = (10\ 000\ 000 - (10 + 1) \times 16 \times 57\ 600) / 10\ 000\ 000$$
$$= -0.013\ 8 = -1.38\%$$

它是在 2% 的误差范围之内的。

所以,更好的计算方法就是在计算时使用四舍五入,减少计算误差。在 C 语言的数学函数中有四舍五入函数 round,但是在宏里面是不支持四舍五入运算的,所以需要我们自己去实现四舍五入的功能。实现方法也很简单,和 C 语言里面的 round 函数实现的方法类似,就是将计算结果的数值加上 0.5 后再取整。因为宏的表达式习惯上都是使用整数的,为了避免出现浮点数运算,我们可以先将数字乘 10,再加上 5,最后再除以 10(这个过程也就是把参数加上 0.5 后再取整),这样最终结果就是我们希望的四舍五入。

改进后的串口波特率寄存器的计算公式如下:

```
#define BAUDREG ((unsigned int)((F_CPU * 10) / (16UL * BAUDRATE) - 5) / 10)
```

虽然看起来要复杂一些,但是可以保证结果更加准确。在实际使用中,因为通常我们会使用一个比较合适频率的晶体来产生波特率,使得寄存器计算出的结果是整数或者非常接近整数(如常用的 7.372 8 MHz、11.059 2 MHz、14.745 6 MHz 、22.118 4 MHz 等),所以即使不使用四舍五入,一般情况下也没有大问题。但是从严谨的角度上看,还是应该使用四舍五入的方法。在其他很多单片机中,包括 PIC、MSP430、HCS08 等单片机中,也会经常看到类似的情况,我们也可以用同样的方法来处理。

1.3.3　使用宏检查串口波特率误差的方法

大家知道,使用串口时,串口允许波特率的误差是 2%。就是说只要波特率的误差在 2% 以内,串口通信的数据就是正确的,超过了这个误差范围就很容易产生误码。

在前面的例子中可以看出,我们一般都习惯使用宏去自动计算波特率寄存器的数值,这样就会产生一个问题:如果因为参数设计不当或者笔误,可能会造成实际误差超过 2%。因为编译器并不知道误差已经超出 2%,也不会去处理这样的情况,所以编译时不会产生任何告警提示,但是在实际运行时就会因为误差过大出现通信错误的问题。它属于隐性错误,这样的问题是最难发现的。

如果能够在编译时就检查出波特率误差是否超出 2% 的允许范围,就可以避免这个问题。下面的宏就是为了解决这个问题的,它可以自动判断计算出的结果是否在误差范围之内,如果超出误差范围就给出错误提示。

```
# define BAUDREG ((unsigned int)((F_CPU * 10) / (16UL * BAUDRATE) - 5) / 10)
# define FreqTemp   (16UL * BAUDRATE * (((F_CPU * 10) / (16 * BAUDRATE) + 5)/ 10))
# if ((FreqTemp * 50) > (51 * F_CPU)) || ((FreqTemp * 50) < (49 * F_CPU))
# error "BaudRate error > 2 % ! Please check BaudRate and F_CPU value."
# endif
```

首先计算出波特率寄存器的数值 BAUDREG,然后再反过来计算出这个波特率寄存器对应的实际频率 FreqTemp,再将 FreqTemp 和预定义的系统时钟频率 F_CPU 进行比较,看是否超出误差范围。

因为宏里面没有直接取数据绝对值的方法,也不能直接比较浮点数大小(GCC 在宏的表达式中只能比较整数类型数据大小),所以这里使用了一个小技巧:先将两个频率参数分别乘以 50 和 51 后再比较大小,从而判断是否超出 2% 误差的上限;再用同样的方法比较误差下限,就可以判断误差是否超出 2% 的允许范围了。当判断超出 2% 的范围后,我们再使用前面介绍过的 # error 宏指令输出错误提示,这样就可以避免因为参数不当造成的通信错误问题了。

1.3.4　AVR 单片机中定义的常数

AVR GCC 中为每个单片机都定义了一个头文件。在这个头文件中,除了定义单片机的 IO、中断、熔丝等资源外,还定义了一些很有用的常量。这些常量与芯片的型号有关,代表了这种芯片的 Flash 大小、型号等。如果我们善于利用这些定义的常量,特别在需要程序自动适应多种 AVR 单片机的时候,往往可以起到意想不到的效

果。下面是一些主要常量的定义(以 ATmega169 芯片为例):

＃define SPM_PAGESIZE 128

自编程时 Flash 的页面大小。

＃define RAMEND　　　0x4FF

SRAM 的结束地址,也就是 SRAM 的大小减去 1。

＃define E2END　　　0x1FF

EEPROM 的结束地址,其值是 EEPROM 的大小减去 1。

＃define E2PAGESIZE　4

EEPROM 的页面大小。

＃define FLASHEND　　0x3FFF

Flash 的结束地址,也就是 Flash 的大小减去 1。

此外,AVR 单片机还有一个签名,也就是型号的代号,每种型号的 AVR 单片机都有一个,不同型号 AVR 单片机的签名代码也是不同的。下面是 ATtiny2313 芯片的签名代码:

＃define SIGNATURE_0 0x1E

＃define SIGNATURE_1 0x91

＃define SIGNATURE_2 0x01

这 3 个字节就是芯片签名。它固化在芯片的内部,只能读取,不能被修改。AVR 单片机的编程器在下载程序时会自动判断单片机的型号,也就是通过这 3 个签名来识别的。

芯片的头文件中还有一些其他常量的定义,有兴趣的读者可以自行研究。

1.4　使用宏管理 IO

1.4.1　基本方法

在一个单片机系统中,IO 是最基本的功能之一,是单片机与外部连接的通道,也是所有控制的基础。在标准的 51 单片机中,因为它的 IO 端口不是真正的双向 IO,所以没有单独的 IO 方向控制寄存器,只有端口输入输出寄存器 P1、P2 等。而在当前主流的单片机系统中,绝大部分都带有真正的双向 IO 端口,所以都有专门的 IO方向控制寄存器,有的甚至还有上拉/下拉控制寄存器、大电流输出寄存器、开漏输出寄存器、输出斜率控制寄存器等。例如,AVR 中使用了 DDRx、PORTx、PINx 等几个寄存器来分别控制 IO 的方向、输出、输入。

定义端口方向： DDRB ＝ (1 ≪ DDRB0);

读取端口电平： PINB & (1 ≪ PINB1);

设置端口电平： PORTB |＝ (1 ≪ PORTB0);

PORTB &＝ ～(1 ≪ PORTB0);

如果需要分配某个 IO 作为输入或者输出,那么就需要先设置对应的寄存器,单片机就会分配这个 IO 的功能。例如：

```
#define LED  PB0
DDRB  |= (1≪LED);
PORTB |= (1≪LED);
```

如果因为系统改进、系统升级,或者其他某种原因改用了其他 IO,那么就需要在程序中对 IO 控制部分的代码做出相应的修改。如果是同一个端口下 IO 的改动还算好,修改宏定义就可以(例如将前面的 PB0 改为 PB1);如果不是同一个端口下的 IO(如 PORTB 改为 PORTD),那就比较麻烦了,不但初始化部分的代码中端口 B 对应的部分要修改为端口 D,同时在所有使用到这个 IO 操作的语句也要做出修改。如果一次要改动多个 IO,那么需要修改的程序代码就会很多,也容易出错。

如果读者使用过 VUSB(以前叫做 AVRUSB),那么就会发现这个程序写得非常巧妙。特别是它只需要在 usbconfig.h 中修改几个简单的 IO 配置,就可以在不同型号的 AVR 单片机中运行,而不需要修改主程序。它是怎样适应不同的 AVR 单片机的呢? 方法就是使用宏定义。如果仔细看过它的源代码,就可以发现在它的程序中使用了非常多的宏定义技巧,其中就包括了 IO 部分的技巧,正是通过对 IO 进行宏定义,才使得改变 IO 变得轻松而简单。

我们先看看在 AVRUSB 的参考例子 AVRDoper(AVRDoper 是一个基于 VUSB 的 USB 编程器),可以当作 STK500 使用的源代码,可以看到下面的用法。

文件 usbconfig.h 中有如下的定义：

```
#define USB_CFG_IOPORTNAME      D
/* This is the port where the USB bus is connected. When you configure it to
 * "B", the registers PORTB, PINB and DDRB will be used.
 */
#define USB_CFG_DMINUS_BIT      4
/* This is the bit number in USB_CFG_IOPORT where the USB D- line is connected.
 * This may be any bit in the port.
 */
#define USB_CFG_DPLUS_BIT       2
```

第一个宏是定义 USB 使用的 IO 端口,后面是定义 USB 的 D＋和 D－通信线在这个端口中对应的引脚号。

而在文件 usbdrv.h 中,定义了下面的宏：

```
# define USB_CONCAT(a, b)                a # # b
# define USB_CONCAT_EXPANDED(a, b)   USB_CONCAT(a, b)
# define USB_OUTPORT(name)           USB_CONCAT(PORT, name)
# define USB_INPORT(name)            USB_CONCAT(PIN, name)
# define USB_DDRPORT(name)           USB_CONCAT(DDR, name)
……
……
# define USBOUT              USB_OUTPORT(USB_CFG_IOPORTNAME)
# define USB_PULLUP_OUT      USB_OUTPORT(USB_CFG_PULLUP_IOPORTNAME)
# define USBIN               USB_INPORT(USB_CFG_IOPORTNAME)
# define USBDDR              USB_DDRPORT(USB_CFG_IOPORTNAME)
# define USB_PULLUP_DDR      USB_DDRPORT(USB_CFG_PULLUP_IOPORTNAME)
```

这些宏就是使修改 IO 变得简单的主要原因：在主程序中，并不直接使用 DDRB、PORTD、PIND 等寄存器，而是使用 USBDDR、USBOUT、USBIN 等宏对 IO 寄存器进行操作。这样在需要改变 IO 的分配时只需要修改一下 3 个相关的 IO 宏定义，而不需要修改程序代码了。这样不但方便，易于移植，而且不会因为修改了错误的寄存器或者遗漏了一些寄存器没有修改而出现问题；像这样的问题，因为寄存器名称本身没有拼写错误、语法完全正确、程序规模又较大的情况，是比较难以判断和查找的。

在实际工作中，我们很可能会遇到需要更换控制器型号但是不需要对程序主要功能进行修改的情况：比如因为 PCB 改板而修改了 IO、系统增加了功能所以使用了功能更强的单片机、因为芯片采购的问题需要使用备选的 MCU、因为价格问题使用新型号的 MCU、旧型号停产而需要更换另外型号的单片机等。在这样的情况下，也就是在进行系统移植时，我们就可以深刻体会到使用宏来控制 IO 的优点了。在这种情况下，我们基本只须重新定义和分配一下 IO，然后再在代码中修改宏定义，重新编译一下就完成了程序的移植。这样代码的移植工作量就很小，也不会因为程序代码太长造成修改中出现遗漏或错误。

以前通常都是一个语句同时完成多个 IO 的初始化，代码要简洁和高效一些。而使用宏管理 IO 后，通常情况下每个 IO 操作都是一个宏，如果有多个 IO 端口需要初始化，那么每个 IO 的初始化都需要使用一个宏，一次对一个 IO 进行初始化，即使这几个 IO 是在同一个端口下也是如此。所以使用宏的方式，代码的效率也会有所降低，因为以前只需要使用一个语句，现在就需要多个语句，而 IO 部分的语句是不会优化的（在 AVR 单片机中，IO 端口的定义都是加了 volatile 关键字），编译器不会自动将几个同 IO 的位操作语句合并到一个语句中。虽然存在这样的缺点，但是它的好处却是非常大的，损失的那一点代码效率在大部分情况下应该也不是问题，毕竟现在单片机的 Flash 空间都足够大了。

1.4.2 改进的方法

前面介绍了使用宏控制 IO 的基本方法。进一步深入分析就会发现，它还是有些不够方便,因为定义一个 IO 时,需要使用到两个宏:一个用于定义 IO 所在的端口,另外一个定义 IO 在端口中的引脚序号。这种方法在分配的 IO 比较少时问题还不大;如果定义了多个 IO、并且它们互相没有太大的关联,这个方法就显得很繁琐了。有没有更好的方法呢?

我们再仔细研究一下 AVRDoper 这个例子。这个例子中还使用了一种特殊的方式定义 IO,AVRDoper 项目的文件 hardware.h 中有如下的定义:

```
#define HWPIN_ISP_RESET      B, 2
#define HWPIN_ISP_MOSI       B, 3
#define HWPIN_ISP_MISO       B, 4
#define HWPIN_ISP_SCK        B, 5
#define HWPIN_ISP_TXD        D, 0
#define HWPIN_ISP_RXD        D, 1
#define HWPIN_USB_DPLUS      D, 2
#define HWPIN_USB_DMINUS     D, 4
#define HWPIN_JUMPER         C, 2
```

可以看到,这个宏定义与我们常见的方式不同。这个宏后面带有两个参数,参数之间用逗号分隔的,第一个参数是端口号,第二个参数是引脚号。这种方式非常直观,很容易看出分配 IO 的端口和引脚。这个宏既然使用了不同的定义方式,所以其使用方法也是不同的。它的具体使用方法是在项目文件 utils.h 中定义的:

```
#define UTIL_CONCAT(a, b)            a ## b
#define UTIL_CONCAT_EXPANDED(a, b)   UTIL_CONCAT(a, b)
/* PORT bit macros */
#define UTIL_ARG1(a, b) a
#define UTIL_ARG2(a, b) b


#define UTIL_PBIT_SET(varbase, pinspec)  UTIL_CONCAT_EXPANDED(varbase,
UTIL_ARG1(pinspec)) | = (1 << (UTIL_ARG2(pinspec)))
#define UTIL_PBIT_CLR(varbase, pinspec)  UTIL_CONCAT_EXPANDED(varbase,
UTIL_ARG1(pinspec)) & = ~(1 << (UTIL_ARG2(pinspec)))
#define PORT_OUT(pinspec)         UTIL_CONCAT_EXPANDED(PORT, UTIL_ARG1(pinspec))
#define PORT_IN(pinspec)          UTIL_CONCAT_EXPANDED(PIN, UTIL_ARG1(pinspec))
#define PORT_DDR(pinspec)         UTIL_CONCAT_EXPANDED(DDR, UTIL_ARG1(pinspec))
#define PORT_BIT(pinspec)         UTIL_ARG2(pinspec)
#define PORT_PIN_SET(pinspec)     UTIL_CONCAT_EXPANDED(PORT, UTIL_ARG1(pinspec)) | =
(1 << (UTIL_ARG2(pinspec)))
#define PORT_PIN_CLR(pinspec)     UTIL_CONCAT_EXPANDED(PORT, UTIL_ARG1(pinspec)) & =
~(1 << (UTIL_ARG2(pinspec)))
#define PORT_PIN_VALUE(pinspec) (UTIL_CONCAT_EXPANDED(PIN, UTIL_ARG1(pinspec)) & (1
<< (UTIL_ARG2(pinspec))))
```

```
#define PORT_DDR_SET(pinspec)    UTIL_CONCAT_EXPANDED(DDR, UTIL_ARG1(pinspec)) | =
(1<<(UTIL_ARG2(pinspec)))
#define PORT_DDR_CLR(pinspec)    UTIL_CONCAT_EXPANDED(DDR, UTIL_ARG1(pinspec)) & =
~(1<<(UTIL_ARG2(pinspec)))
#define PORT_DDR_VALUE(pinspec) (UTIL_CONCAT_EXPANDED(DDR, UTIL_ARG1(pinspec)) & (1
<<(UTIL_ARG2(pinspec))))
```

这些宏看起来有些复杂,如果仔细分析,可以看出关键在于这样两个宏:

```
#define UTIL_ARG1(a, b) a
#define UTIL_ARG2(a, b) b
```

它就是前面介绍过的取特定参数的宏,我们将它和前面介绍的另外一个宏 ## 联合使用,通过一些组合就可以演变成不同的 IO 控制寄存器,如设置 IO 方向寄存器:

```
#define PORT_DDR_SET(pinspec)    UTIL_CONCAT_EXPANDED(DDR, UTIL_ARG1(pinspec)) | =
(1<<(UTIL_ARG2(pinspec)))
```

设置 IO 输出高电平:

```
#define PORT_PIN_SET(pinspec)    UTIL_CONCAT_EXPANDED(PORT, UTIL_ARG1(pinspec)) | =
(1<<(UTIL_ARG2(pinspec)))
```

具体到上面的例子,比如 HWPIN_ISP_MOSI 定义为 B,3,那么上面两个宏:

```
PORT_DDR_SET(HWPIN_ISP_MOSI)
PORT_PIN_SET(HWPIN_ISP_MOSI)
```

将宏替换后就是:

```
DDRB | = (1<<3)
PORTB | = (1<<3)
```

如果需要将 HWPIN_ISP_MOSI 改为其他 IO 端口,比如改为 PD2,那么只需要在参数配置文件中将 HWPIN_ISP_MOSI 的定义改为"D, 2"就行了。程序中调用的语句会自动根据宏进行适应,如:

```
PORT_DDR_SET(HWPIN_ISP_MOSI)
PORT_PIN_SET(HWPIN_ISP_MOSI)
```

就变为了

```
DDRD | = (1<<2)
PORTD | = (1<<2)
```

这个方法显然比上一种方法好一些。虽然都能够实现不需要修改主程序的代码,但是这种方法一个 IO 只需要设定一个定义,修改起来简单得多,使用上也更直观。刚才是以 DDRx 和 PORTx 寄存器为例,其他的寄存器也可以使用类似的方法进行定义和使用。

这种方法虽然看起来宏定义部分比较复杂，也不太容易理解，但是使用起来却是非常简单的。在宏调用时，看起来更接近伪代码或自然语言，而不是 C 语言代码，所以代码也很容易维护。在重新分配 IO 定义时，我们只需要修改 IO 的宏定义，而不需要修改程序代码了，这样使程序有良好的可移植性。虽然这种方法和直接寄存器赋值相比代码效率稍低，但是方便了整个项目的代码维护，而且不容易出错，提高了整体的效率。如果能够灵活使用这个方法，对软件开发和系统维护会起到非常好的效果。

这个宏的用法，重点有两个地方：一个是 IO 的定义方式，一个是宏的调用形式。

1.4.3　跨平台的 IO 管理

在前面小节中我们可以看到使用宏管理 IO 的优点，但是这个用法是针对 AVR 单片机以及 AVRGCC 编译器的，在其他编译器或其他单片机上就不能直接使用了，所以带来的好处有限。有没有办法可以在其他单片机上也使用类似的方法呢？如果在其他单片机上也可以使用这样的方法，那么在将程序移植到不同单片机上时分配 IO 就会显得非常方便，主要就是重新定义一下 IO 的宏，甚至不需要修改一行主程序的代码。

对于常见的单片机，无论是 8x51、PIC、HCS08、MSP430，或者其他微控制器，从硬件角度来看，它的 IO 结构和 AVR 单片机都是类似的，基本都是推挽方式输出，有的还支持开漏方式。它们都有一些不同功能的 IO 控制寄存器，IO 的功能设置和控制都是通过改变这些寄存器完成的。虽然各自的名称和内部架构不同，但是单片机的 IO 都由两个参数组成：端口和序号，如 MSP430 中的 P11、51 单片机中的 P1.1、PIC24 系列单片机中的 C1、HCS08 系列的 C1 等。大部分的单片机都有方向控制寄存器、输出寄存器、输入寄存器，有些还有上/下拉、大电流输出、斜率限制、开漏输出特殊等功能寄存器。而且大部分微控制器的 IO 控制寄存器名称往往也是和前面两个参数相关的，如 MSP430 的 P1DIR、HCS08 单片机的 PTDD、PIC24F 单片机 LATC 等。也就是说，虽然在不同单片机上 IO 的名称不同，但是它们的命名规则是类似的，寄存器的使用方式上也是类似的，这样就为我们使用宏进行 IO 的跨平台移植带来了可能。

首先在定义 IO 时，都使用下面的方法：

```
//      标识符    端口号    引脚号
#define IO_id    IO,      Num
```

它分为这么几个部分：标识符、端口号、引脚号，标识符是任意的助记符，如 LED、KEY 等，端口号和引脚号应该也不需要多解释，很容易理解。这种方式定义 IO 就具有一定的通用性，因为几乎所有单片机的 IO 都是这样的，只是名称不同。只需要通过宏的方式预先定义好不同的控制寄存器，通过宏实现不同编译器和不同单片机的转换，就可以非常方便地实现通用的 IO 管理。如果针对每种不同的 MCU 写出一个对应的宏定义文件，就可以方便地实现程序移植时的 IO 管理。

例如，通常 IO 都有这样几个基本控制寄存器：方向寄存器（输入输出）、输出状态、输入状态，所以可以定义这样 3 个宏：

PINDIR(PIN, DIR)　　定义 IO 的方向（输入或输出）

PININ(PIN)　　　　　读取 IO 的输入电平

PINOUT(PIN, OUT)　　设置 IO 的输出电平

表 1-1 中列举了常见单片机这 3 个寄存器的对比。从表格中可以看出，它们的形式是非常类似的。

表 1-1　不同单片机的基本控制寄存器对比

不同单片机	PINDIR	PININ	PINOUT
MSP430	PxDIR	PxIN	PxOUT
HCS08	PTxDD	PTxD	PTxD
AVR	DDRx	PINx	PORTx
51	—	Px	Px
PIC24F	TRISx	Rx	LATx

为了较好地演示这个方法，作者分别针对 MSP430、PIC24F、89C51、AVR 和 HCS08 单片机各写了一个例子，这些例子的主程序使用了同样的函数，只是用宏定义在文件 macromcu.h 实现了不同的 IO 控制。读者可以在对应的开发软件中编译并仿真这些例子，或者用 proteus 软件仿真并观察运行结果。随书光盘的例程中有完整的演示程序供大家参考。

因为每种单片机都有多种 C 编译器，而这些编译器之间存在着一定的差异，虽然 C 语言本身的通用性较强，但是在不同的编译器中有些宏定义需要进行一定的修改。表 1-2 是作者编写例子使用的开发软件，供大家参考。

表 1-2　编写例子使用的开发软件

单片机	开发软件
MSP430	IAR Embedded Workbench for MSP430 5.10.1
HCS08	CodeWarrior for Microcontrollers V6.2
AVR	AVR Studio 4.18 ＋ WinAVR20100110
51	Keil 7.5
PIC24F	MPLAB IDE 8.40 ＋ C30 V3.22

1. AVR 单片机的例子

在 AVR 单片机中，使用 AVRGCC 编译器（原理图如图 1-5 所示）：

```
# include <avr/io.h>
```

```
# define PIN_OUTPUT        1
# define PIN_INPUT         0

# define PIN_HIGH          1
# define PIN_LOW           0

# define MACRO_CONCAT2_EXPAND(a, b)   a ## b
# define MACRO_CONCAT2(a, b)          MACRO_CONCAT2_EXPAND(a, b)
# define MACRO_CONCAT3_EXPAND(a, b, c) a ## b ## c
# define MACRO_CONCAT3(a, b, c)       MACRO_CONCAT3_EXPAND(a, b, c)

# define MACRO_ARG21(a, b)            a
# define MACRO_ARG22(a, b)            b
# define PINDIR(pin, DIR) \
        {\
            MACRO_CONCAT2(DDR, MACRO_ARG21(pin)) &= ~(1<<MACRO_ARG22(pin));\
            MACRO_CONCAT2(DDR, MACRO_ARG21(pin)) |= (DIR<<MACRO_ARG22(pin));\
        }

# define PINOUT(pin, OUT) \
        { \
            MACRO_CONCAT2(PORT, MACRO_ARG21(pin)) &= ~(1<<MACRO_ARG22(pin));\
            MACRO_CONCAT2(PORT, MACRO_ARG21(pin)) |= (OUT<<MACRO_ARG22(pin));\
        }

# define PININ(pin)   MACRO_CONCAT2(PIN, MACRO_ARG21(pin)) & (1<<MACRO_ARG22(pin))
# define PINSET(pin)  MACRO_CONCAT2(PORT, MACRO_ARG21(pin)) |= (1 << MACRO_ARG22(pin))
# define PINCLR(pin)  MACRO_CONCAT2(PORT, MACRO_ARG21(pin)) &= ~(1 << MACRO_ARG22(pin))
# define PININV(pin)  MACRO_CONCAT2(PORT, MACRO_ARG21(pin)) ^= (1 << MACRO_ARG22(pin))
```

主程序部分：

```
# include "hardware.h"
void delay()
{
  volatile unsigned int n;
  for(n = 0; n < 50000; n++);
}
int main(void)
{
  IO_init();
  while(1)
```

```
{
    PINSET(LED);
    delay();
    PINCLR(LED);
    delay();
}
return 0;
}
```

对于 AVR 单片机,因为在 GCC 中没有位变量(这是 GCC 编译器的限制,AVR 单片机本身是支持位操作的),不能像其他单片机那样直接将 IO 对应的寄存器位用位变量赋值,而是需要通过寄存器进行与、或等位操作,这样就无法在一个语句中同时实现从 0 到 1 和从 1 到 0 变化。所以采用了一个变通的方法,就是先用与操作清除寄存器的位,然后再赋值(这样在大部分情况下是没有问题的,但是对于一些严格要求时序的情况下可能存在问题,因为它多执行了一条指令)。

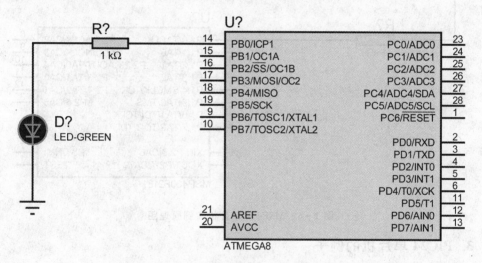

图 1-5 AVR 单片机实例原理图

2. MSP430 单片机的例子

在 MSP430 单片机和 IAR 编译器中,如图 1-6 所示,可以这样去实现它:

```
# define MACRO_CONCAT2_EXPAND(a, b)      a ## b
# define MACRO_CONCAT2(a, b )           MACRO_CONCAT2_EXPAND(a, b)
# define MACRO_CONCAT3_EXPAND(a, b, c) a ## b ## c
# define MACRO_CONCAT3(a, b, c)         MACRO_CONCAT3_EXPAND(a, b, c)
# define MACRO_ARG21(a, b)              a
# define MACRO_ARG22(a, b)              b
# define PINDIR(PIN, DIR)  MACRO_CONCAT2(MACRO_CONCAT2(MACRO_ARG21(PIN), DIR_bit.),
```

```
MACRO_CONCAT2(MACRO_CONCAT2(MACRO_ARG21(PIN), DIR_), MACRO_ARG22(PIN))) = DIR
#define PININ(PIN)          MACRO_CONCAT2(MACRO_CONCAT2(MACRO_ARG21(PIN), IN_bit.),
MACRO_CONCAT2(MACRO_CONCAT2(MACRO_ARG21(PIN), IN_), MACRO_ARG22(PIN)))
#define PINOUT(PIN, OUT)  MACRO_CONCAT2(MACRO_CONCAT2(MACRO_ARG21(PIN), OUT_bit.),
MACRO_CONCAT2(MACRO_CONCAT2(MACRO_ARG21(PIN), OUT_), MACRO_ARG22(PIN))) = OUT
```

主程序和上面的例子相同，就不重复了。读者可以在 proteus 中仿真，比较结果。后面的例子也是这样。

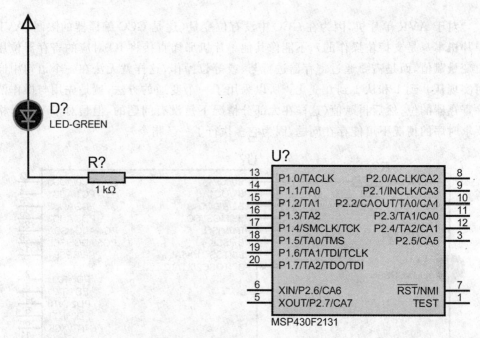

图 1-6　MSP430 单片机实例原理图

3. PIC24 单片机的例子

在 Microchip 的 PIC24F 系列单片机和使用 C30 编译器时，如图 1-7 所示，我们可以这样去实现它：

```
#define MACRO_CONCAT2_EXPAND(a, b)  a ## b
#define MACRO_CONCAT2(a, b)          MACRO_CONCAT2_EXPAND(a, b)
#define MACRO_CONCAT3_EXPAND(a, b, c) a ## b ## c
#define MACRO_CONCAT3(a, b, c)        MACRO_CONCAT3_EXPAND(a, b, c)

#define MACRO_ARG21(a, b)          a
#define MACRO_ARG22(a, b)          b

#define PINDIR(pin, DIR)  MACRO_CONCAT3(_TRIS, MACRO_ARG21(pin), MACRO_ARG22(pin)) = DIR
#define PINOUT(pin, OUT)  MACRO_CONCAT3(_LAT, MACRO_ARG21(pin), MACRO_ARG22(pin)) = OUT
#define PININ(pin)        MACRO_CONCAT3(_R, MACRO_ARG21(pin), MACRO_ARG22(pin))
```

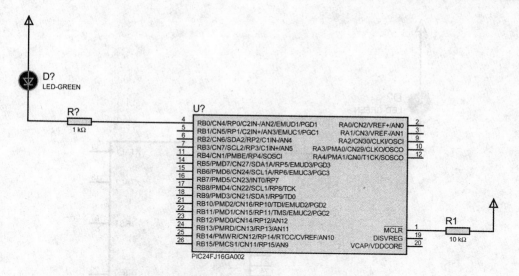

图 1-7　PIC24 单片机实例原理图

4. 8x51 单片机的例子

　　51 单片机中有一点特殊,它没有方向寄存器,但是在读取参数前一般需要将 IO
设置为高电平。针对这样的情况,可以这样去实现上面的宏定义:

```
#define MACRO_CONCAT2_EXPAND(a, b)      a ## b
#define MACRO_CONCAT2(a, b)             MACRO_CONCAT2_EXPAND(a, b)
#define MACRO_CONCAT3_EXPAND(a, b, c)   a ## b ## c
#define MACRO_CONCAT3(a, b, c)          MACRO_CONCAT3_EXPAND(a, b, c)
#define MACRO_ARG21(a, b)               a
#define MACRO_ARG22(a, b)               b
#define PIN_PRRFIX                      PIN_
#define DEFPIN(pin)       sbit MACRO_CONCAT3(PIN_PRRFIX, MACRO_ARG21(pin), MACRO_
ARG22(pin)) = MACRO_ARG21(pin) ^ MACRO_ARG22(pin)
#define PINDIR(pin, DIR)  MACRO_CONCAT3(PIN_PRRFIX, MACRO_ARG21(pin), MACRO_ARG22
(pin)) = 1
#define PINOUT(pin, OUT)  MACRO_CONCAT3(PIN_PRRFIX, MACRO_ARG21(pin), MACRO_ARG22
(pin)) = OUT
#define PININ(pin)        MACRO_CONCAT3(PIN_PRRFIX, MACRO_ARG21(pin), MACRO_ARG22
(pin))
```

　　在 C51 中,还有一点与其他编译器不同,在使用 IO 前需要先使用 sbit 分配 IO,
所以这里定义了 DEFPIN 宏实现 sbit 的功能。因此在使用 IO 前还需要先在文件中
调用 DEFPIN 宏进行 IO 的分配,其他就没有什么区别了。

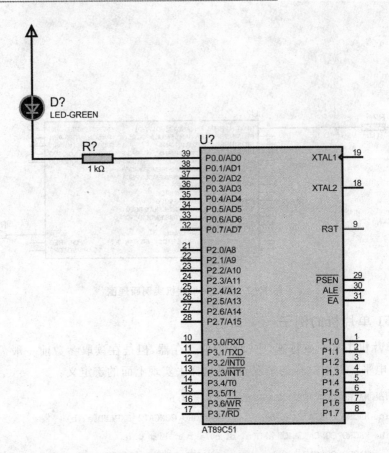

图 1 - 8 8x51 单片机实例原理图

5. HCS08 单片机的例子

对于 FreeScale 的 HCS08 系列单片机,通常都使用 CodeWarrior 编译器,可以这样定义:

```
#define MACRO_CONCAT2_EXPAND(a, b)   a ## b
#define MACRO_CONCAT2(a, b)          MACRO_CONCAT2_EXPAND(a, b)
#define MACRO_CONCAT3_EXPAND(a, b, c) a ## b ## c
#define MACRO_CONCAT3(a, b, c)       MACRO_CONCAT3_EXPAND(a, b, c)
#define MACRO_CONCAT6_EXPAND(a, b, c, d, e, f)  a ## b ## c ## d ## e ## f
#define MACRO_CONCAT6(a, b, c, d, e, f)         MACRO_CONCAT6_EXPAND(a, b, c, d, e, f)

#define MACRO_ARG21(a, b)            a
#define MACRO_ARG22(a, b)            b

#define PINDIR(PIN, DIR)   MACRO_CONCAT6(PT, MACRO_ARG21(PIN), DD_PT, MACRO_ARG21
(PIN), DD, MACRO_ARG22(PIN)) = DIR
#define PININ(PIN)         MACRO_CONCAT6(PT, MACRO_ARG21(PIN), D_PT, MACRO_ARG21
```

```
(PIN), D, MACRO_ARG22(PIN))
#define PINOUT(PIN, OUT)      MACRO_CONCAT6(PT, MACRO_ARG21(PIN), D_PT, MACRO_ARG21
(PIN), D, MACRO_ARG22(PIN)) = OUT
```

因为 Proteus 没有 HCS08 的库,所以 HCS08 就无法在 Proteus 中仿真运行,只能在 IDE 中仿真运行或者用 BDM 仿真器下载到目标板后运行。

除了前面定义的 3 个基本 IO 控制寄存器外,有些单片机还有更多的 IO 控制寄存器,能够实现控制内部上拉电阻、OC 输出、斜率控制、大电流输出驱动等功能,也可以用类似的方法去定义,这里就不一一列举了。

使用这样的 IO 定义方法好处是非常明显的。虽然控制宏的代码比较复杂,变得更加难以理解。不过好在宏只需要写一次,以后都可以方便地使用了。

可能有人会想,是否可以不用宏而用函数实现类似的方法呢? 理论上同一系列的单片机应该是可以的(就像 ARM 现在的函数库),但是不同系列的单片机因为架构不同、IO 控制寄存器的名称不同、内部的寻址方式不同,使用的 C 编译器不同,一般是无法做到的。使用宏就可以不受编译器和单片机架构的限制,因为它实际还是利用了编译器的功能,只是代码的编写方式不同。

上面只是针对 IO 控制的宏。如果我们更进一步,将这个方法用于单片机的其他功能模块上,比如定时器、中断、串口、SPI、I²C、看门狗等,就可以实现类似硬件库的效果。不过,如果要把它做到非常完善、功能全面,需要考虑的细节就很复杂,需要兼容更多 C 编译器和硬件功能模块,它将是一个很庞大的系统工程,工作量非常大,这也就不是几个人可以完成的工作了。

1.5　使用宏时需要注意的问题

从前面的介绍中可以看到,使用宏可以给我们带来很多方便,但是如果不加节制地随意使用宏,也可能会带来很多副作用。下面是使用宏时需要注意的一些问题:

① 分清宏和函数的区别和优缺点,以及它们各自适用的场合。

② 合理使用 #define,可以有效提高代码效率,增加代码可读性。

③ 分清宏里面的表达式和 C 语言表达式的区别,以及宏里面表达式的限制,避免因为对表达式的误解造成的问题。

④ 宏会使得程序的可读性和可维护性变得比较差。在使用了如 #if、#ifdef 等带有条件判断的宏后,程序就会增加很多分支,那么要读懂这个程序将会变得困难,要理解程序就需要对宏的每个分支进行判断。如果使用了多级 #if,那么为了理解程序就极大增加了阅读量和难度。

⑤ 注意不同编译器和同一个的编译器不同版本之间对宏的差异。特别是在GCC 编译器中,因为更加严格地遵循 ANSI C 标准,有些在低版本下正确的用法在高版本中就不一定适用了。

1.5.1 宏定义中的表达式

使用宏是可以像 C 语言一样使用表达式的,从而实现常数计算、公式计算以及更为复杂的功能。宏里面的表达式可以分为逻辑表达式和计算表达式:逻辑表达式往往和♯if、♯elif、♯else 等一起使用,用于逻辑判断;而计算表达式则往往用于数值计算、寄存器赋值等场合,特别对一些特定寄存器参数的计算,如定时器时间常数、波特率寄存器等,如:

```
//计算串口波特率
#define BAUDREG    (F_CPU / (16 * BAUDRATE)) - 1
UBRR = BAUDREG;
//
#if (Cond1 > 0)
...
#endif
```

宏里面的表达式与编译器有一定关系。不同厂家的编译器,不同版本的编译器,对表达式(特别是表达式中的常量计算)的支持往往也会有细微的差异,这需要参考编译器的义档,或者在程序调试中仔细比较才能发现。所以使用宏时,应该避免使用比较复杂的表达式,避免使用容易引起歧义的写法,以免因为编译器之间的差异产生错误的结果。

1.5.2 宏定义参数时需要注意的问题

在宏定义中有些地方需要特别注意,否则会引起一些意想不到的结果。在定义整数常数或者在表达式中计算数值时,它的数值范围是与编译器有关的。在默认情况下,很多 C 编译器认为它是一个双字节的有符号整数(在老版本的 AVR GCC 编译器也是如此,但是在新版本的 AVR GCC 中已经变为默认是长整数了),这样的结果就是如果数值超出了双字节整数的范围,实际数值就会溢出。例如:

```
#define F_CPU 8000000
```

如果编译器的数值范围默认是双字节整数,那么实际结果就是:

```
8000000 % 65536 = 4608
```

这样在使用 F_CPU 时,如果我们按照期望的 8000000 去计算,那么最终结果是错误的数值。为了避免这个情况,在不确定编译器的默认范围时,或者为了保证在不同编译器下都可以正确使用(这一点在程序移植时非常重要,可以避免因此带来的很多问题),我们可以在定义的数值后面加上 L 后缀代表长整型(longint)。字符 L 大小写都可以,比如 8000000L。不过为了避免因为字体的原因,即小写的字母 l 和数字 1 很容易混淆,所以使用大写字母 L 会更好一些。如果希望定义无符号的整数,还可以加上后缀 U(unsigned)。后缀 U 和 L 可以联合使用，如 8000000UL。

对于表达式计算，还需要注意计算的中间结果的溢出问题。如果在宏的表达式中有两个整数相乘、相加等运算，即使最终结果是 2 字节的整数，也需要注意中间计算结果是否存在整数溢出的问题。如果可能存在，那么至少在其中一个数的后面加上 L 后缀，强制申明它为长整型，保证最终的计算结果不会因为数值溢出造成错误。例如：

```
#define A    1024
#define B    3100
#define C    A * B / 4096
```

虽然 C 的最终结果是一个双字节整数，但是中间结果 A * B 是会超出双字节整数范围的，所以为了安全起见，可以在 A 或 B 的定义参数后加上后缀 L。

和 C 语言的表达式一样，宏的表达式在计算整数除法时，也是自动去掉小数部分，而不是将四舍五入。C 语言中，在进行逻辑判断时，可以直接用整型数变量或者表达式结果是整型数的作为判断条件，结果是 0 为假，非 0 为真，但是不能对浮点数变量或者表达式结果是浮点数进行这样的判断。在宏的表达式中，也是一样。

例如：

```
#define A   0.2
#if A
...
#endif
```

或者

```
#if ( A * 10 )
...
#endif
```

这样的用法就是错误的。

和函数相比，宏是针对源码的编写进行优化的技巧，而函数是针对程序运行时的管理。

专题二

编程技巧

2.1 函数和变量在 Flash 中的定位

一般情况下,函数在 Flash 空间中的位置是由编译器自动分配的。有时,需要将函数定位到 Flash 空间的指定地址,这时就需要使用到一些技巧。在 Keil C51 中,可以使用 _at_ 关键字对变量或函数进行定位,而在 AVRGCC 中没有相应的关键字,需要使用不同的方法,一般是通过定义不同的段来实现。

首先,在项目属性的内存设置(Memory Settings)中添加新的用户段。图 2-1 中添加了两个位于 Flash 的段 func1 和 func2,分别位于 Flash 空间的 0x800 和 0xa00(注意在 AVR Studio 软件中,所有的地址数据是按照 word 来计算的,所以参数需要除以 2)。同样的方法也可以设置变量的地址,如图 2-1 所示。

在 Memory Type 中,有 Sram/Flash/EEPROM 这 3 个选项,分别对应 3 种不同的存储空间(程序存放在 Flash 中,所以分配 Flash 空间,变量则是分配 Sram 空间)。

分配好用户段后,在程序中需要指定特定地址的函数或变量前,加上刚才定义好的段属性,如:

```
#define FUNC1POS __attribute__((section("func1")))
#define FUNC2POS __attribute__((section("func2")))

#define VARXPOS  __attribute__((section("varx")))

VARXPOS int var1;

FUNC1POS void func_1()
{
    var1 = 1;
}
```

```
FUNC2POS void func_2()
{
  var1 = 2;
}

void func_3()
{
  var1 = 3;
}
```

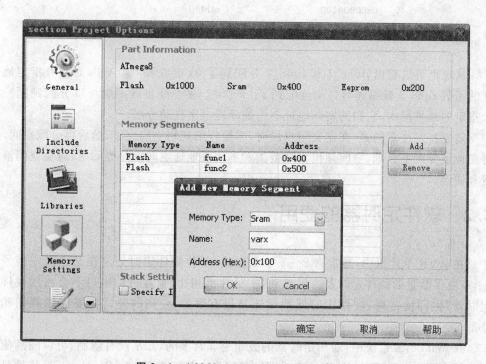

图 2－1　Add New Memory Segment 对话框

　　编译项目后,打开项目的 map 文件,则可以找到编译器对代码中函数和变量分配的位置。例如,上面例子的 map 文件中是这样的(因为文件比较大,只列出了相关的一部分):

```
...
...
                  0x00000036              \       __vector_16
                  0x00000036                      __vector_18
.text             0x00000038              0x1c main.o
                  0x00000046                      main
                  0x00000038                      func_3
...
```

func1	0x00000800	0xe
func1	0x00000800	0xe main.o
	0x00000800	func_1
func2	0x00000a00	0xe
func2	0x00000a00	0xe main.o
	0x00000a00	func_2
varx	0x00800100	0x2
varx	0x00800100	0x2 main.o
	0x00800100	var1

...

...

从这里可以看出,func_1 和 func_2 分配到了 0x0800 和 0x0A00,而没有指定地址的函数 func_3 被编译器自动分配到了 0x0038。多个变量或函数可以分配到同一个指定的地址段内,它们的实际地址会由编译器再次自动分配。

需要特别注意的是,在定义用户段时,需要仔细规划空间大小,然后再分配空间,避免地址分配不合理、空间超出实际范围和不同段地址空间重叠等问题,避免空间浪费和错误。

2.2　软件定时器的使用

在 AVR 单片机中,通常有 2～4 个 8 位或 16 位硬件定时器。在某些高端型号上,有更多数量的硬件定时器。虽然和 51 单片机相比,单片机的串口不会占用硬件定时器,但即使这样,硬件定时器数量还是很有限的,使用时经常需要仔细规划和分配。

在 Windows 系统中,通用定时器的数量是非常多的,几乎没有限制,可以随意使用。但实际在 x86 平台上,硬件定时器数量同样也是很有限的。Windows 系统就是使用了软件定时器的方式扩充了定时器的数量,所以看起来可以使用的通用定时器(软件定时器)数量非常多。软件定时器就是在系统硬件定时器的基础上,通过对内部变量计数的方式实现多个软件定时器,是依赖于硬件定时器的。受硬件定时器内部计数器寄存器长度的限制,硬件定时器的最长时间往往都不够长,而使用软件定时器可以极大地延长定时器的时间,因为它可以使用不同类型的变量进行计数,极大地扩展了计数器的范围。系统可以定义多个软件定时器,它的最大数量只受系统内存的限制。

在 AVR 单片机上,我们也可以使用类似的方法通过软件扩充出任意多个定时器。每个软件定时器都支持延时或周期触发两种工作模式,延时模式时会停止当前程序进程,直到计数器达到延时时间才继续运行后面的语句;而周期触发模式,在计数器达到计数周期后自动重新载入延时常数,并在后台调用预设的用户函数,这和

Windows 定时器的用法类似,预设的用户函数就像定时器的事件一样。

因为 AVR 单片机有多个硬件定时器,在使用软件定时器时,虽然任意硬件定时器都作为基本定时器使用,但是通常会选择 Timer2(通常它也是可以使用外部 32 kHz晶体作为时钟源的定时器),因为只有这个定时器才能支持掉电模式下中断唤醒,支持在低功耗模式下工作。如果不需要使用低功耗模式,那么任何一个硬件定时器都可以作为基本定时器。下面是软件定时器的主要函数和用法,完整的代码参考随书光盘的中参考代码 softtmr。

基本数据结构:

```
struct TSOFTTIMER
{
  unsigned char style:3;
  unsigned char enable:1;
  unsigned int interval;
  volatile unsigned int cnt;
  void ( * func)(void);
};
```

基本参数:

参　数	说　明
SOFTTIMER_CNT	软件定时器的数量
SOFTTIMEBASE	基本定时器的时间周期,也就是定时器的精度或者最低分辨率,单位是 ms

基本函数:

函　数	功　能
sftmr_init()	软件定时器初始化
sftmr_svr()	软件定时器服务程序,需要在硬件定时器中断程序中调用这个服务程序
sftmr_start()	启动一个软件定时器
sftmr_stop()	暂停一个软件定时器
sftmr_delay()	延时模式使用软件定时器
sftmr_period()	周期触发模式使用软件定时器

2.2.1　使用方法

软件定时器的使用方法很简单,下面是主要的步骤:

① 在文件 softtmr.h 中设置软件定时器数量和硬件定时器精度。

② 初始化硬件定时器,定时器相关寄存器需要根据基本定时器周期计算。定时

器工作模式通常选择比较匹配模式（Clear Timer on Compare Match Mode，简称 CTC 模式），因为这种模式下单片机会自动重装定时器常数，无需在中断服务程序中设置，这样不但节约代码，而且定时精度也更高一些（没有重装时间常数的延时误差）。

③ 允许硬件定时器中断。

④ 编写硬件定时器中断服务程序，并将软件定时器服务函数 sftmr_svr() 加入到定时器硬件中断服务程序中。

⑤ 编写软件定时器事件（如果使用了周期触发模式）。

⑥ 在用户程序中调用软件定时器。

2.2.2　简单示例

下面是使用软件定时器的一个简单例子。其中，使用软件定时器控制两个 LED，一个通过定时器事件周期触发，另外一个通过延时方式进行控制。光盘中有这个例子的完整代码，同时还有与这个例子对应的 proteus 仿真例子，可以更加直观地观察仿真过程。

```
/*
    演示软件定时器的用法
*/
#include <avr/io.h>
#include <avr/interrupt.h>
#include "hardware.h"
#include "softtmr.h"

int cnt;

void func1()
{
    cnt++;
    PININV(LED1);  // 翻转 LED1
}

int main(void)
{
    IO_init();
    // 使用 TMR2 作为基本定时器，时间精度是 1ms
    TMR2_init();
    // 软件定时器初始化
    sftmr_init();
    // 中断初始化
```

```
ISR_init();

// 软件定时器 0，每 300 个定时周期自动调用函数 func1
sftmr_period(0, 300, func1);

while(1)
{
    // 软件定时器 1，每次调用后延时 500 个定时周期
    sftmr_delay(1, 500);
    PININV(LED2);
}
}
```

2.2.3 使用软件定时器的优缺点

和硬件定时器相比，软件定时器既有很多优点，也存在一些缺点。

优点如下：

➤ 不受硬件定时器数量的限制，可以扩展出多个定时器。

➤ 可以自定义软件定时器的数量，根据需要灵活设置。软件定时器的数量只受到 RAM 大小的限制。

➤ 支持延时和周期调用两种工作模式，在周期调用模式中可以定义用户的外部事件。

➤ 占用系统资源少。

➤ 使用简单，甚至比硬件定时器还方便（因为已经封装成几个简单的基本函数了）。

➤ 可以使用外部 32 kHz 晶体作为时钟源（需要修改定时器初始化部分代码）。

➤ 支持低功耗休眠模式（需要允许硬件定时器唤醒功能）。

➤ 通过软件计数可以扩展定时器时间，不受硬件定时器寄存器位数的限制。默认的软件计数器是 16 位的，已经可以满足绝大部分的应用了。如果不够还可以扩展计数器到 32 位甚至是 64 位，这样延时时间可以非常长。

➤ 能够非常方便地移植到其他嵌入式系统上（实际很多 RTOS 中都有自己的软件定时器，因为大部分 RTOS 的调度就是依赖于定时器的）。移植时，基本只需要修改硬件定时器相关的部分，也就是定时器的初始化、定时器中断服务程序，其他部分无需修改。

缺点如下：

➤ 软件定时器的响应速度没有硬件定时器快。

➤ 需要占用一定的系统资源（硬件定时器、中断、RAM 等），对于系统资源很少的低端型号可能会有一定影响。

➤ 和 Windows 一样，软件定时器的精度受硬件基本定时器限制（Windows 系统通用定时器精度通常是 10 ms），因此不适合做高精度时钟或者精确延时。

> 需要占用一定的 CPU 时间。如果将硬件定时器的频率设置太高(提高定时器的精度),会因为频繁产生中断而占用较多 CPU 时间。

> 因为一般的单片机性能不高,使用的软件定时器数量过多时,会增加 CPU 的负荷。

> 周期调用模式下,用户函数需要简单,执行速度快,否则会对其他部分程序的运行产生影响。

2.3　多个中断共用一个中断服务程序

在 AVR 单片机中,每个中断都有一个专用的中断向量号,对应一个中断服务程序。在使用中断时,通常需要为每个使用到的中断编写对应的中断服务程序。但是在某些情况下,几个不同中断完成的功能是相同的,那么可以让它们使用相同的中断服务程序,这样就可以节约程序空间,提高代码使用效率。具体方法是:

① 定义第一个中断的中断服务程序。

② 使用 ISR_ALIAS 将其他的使用相同中断服务程序的中断声明为使用第一个中断服务程序。

例如:

```
ISR(PCINT0_vect)
{
  //用户中断服务程序;
}
ISR_ALIAS(PCINT1_vect, PCINT0_vect);
```

这样键盘中断服务程序 PCINT1_vect 和 PCINT0_vect 就可以共用一个中断服务程序了。完整的参考例程请参见光盘中的例程。这其实就是将中断向量表中不同中断的中断服务程序的地址设置为相同的。在默认情况下,GCC 会为用户程序产生默认的中断向量表,而中断向量表中保存的就是中断服务程序的地址;对于用户程序没有使用到的中断,它们都是指向相同的异常处理程序,也是共用中断服务程序的。

2.4　超长低功耗延时

在 AVR 单片机中,定时器有 8 位和 16 位两种。每个定时器的最长延时时间由定时器的位数、内部分频比和系统时钟频率决定,通常分频比最大是 1 024,这样使用 16 位定时器的最长的定时时间是:

$$T = 65\ 536 \times 1\ 024\ /\ f$$

如果系统时钟频率是 1 MHz,那么 T 就等于 67 s,这个时间并不算很长。虽然使用软件通过计数器可以极大地延长定时器的延时时间,但是在同时需要超低功耗和长延时的应用中,这样就不太适合了,因为低功耗的应用中需要 MCU 尽量低的活动占空比,而过多的中断会显著增加功耗。

在 PIC24 单片机中可以通过寄存器设置把两个 16 位定时器联合起来,形成一个 32 位的定时器。AVR 单片机不支持内部将两个定时器级联,不过可以将一个定时器的输出作为另外一个定时器的外部时钟输入来实现类似的方法。图 2-2 就是将 ATMEGA8 单片机的定时器 1 的输出作为定时器 0 的输入的例子。

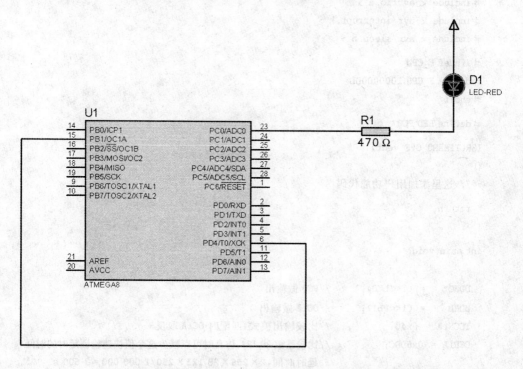

图 2-2 将 ATMEGA8 的定时器 1 的输出作为定时器 0 的输入

定时/计数器 1 配置为一个定时器,且设置为 CTC 模式,由系统时钟的预分频驱动。在计数达到输出比较寄存器 OCR1A 后翻转 OC1A 引脚的输出。这时,由硬件重载定时/计数器 1 的寄存器 TCNT1 为 0 并重新开始计数。

OC1A 引脚的输出连接到 T0 引脚的输入,OC1A 引脚的翻转可以触发定时/计数器 0。定时/计数器 0 被配置为一个计数器,在 T0 的每个上升沿计数。当定时/计数器 0 溢出后,TIFR 寄存器就会被置位并触发中断,可以用来指示延时的时间。

延时的时间可以用下面公式计算:
$$T = 2 \times T1P \times OCR1A \times (256 - TCNT0) / f$$

其中,f 为系统时钟,T1P 为 TCCR1B 定义的预分频,定时器 1 最大预分频比是 1 024,定时器 1 最大计数是 65 536,系数 2 是因为 OC1A 引脚的翻转会使输出频率降低一半,定时器 0 最大计数为 256。这样在系统时钟是 1 MHz 的情况下,最长延时时间约为 9.5 个小时。如果这个时间还不够,可以使用更低的时钟频率,例如使用 32 768 Hz 手表晶体,甚至将 3 个定时器级联起来使用。下面是参考代码,光盘中附带了完整的 AVR Studio 例程,以及相应的 Proteus 仿真例程。

```c
//CPU: Atmega8   OSC: 1MHz

# include < avr/io.h >
# include < avr/interrupt.h >
# include < avr/sleep.h >

# ifndef F_CPU
# define F_CPU 1000000UL
# endif

# define LED PC0

ISR(TIMER0_OVF_vect)
{
    // 这里添加用户功能代码
    return;
}

int main(void)
{
    DDRC    = (1≪LED);        //PC0 做输出
    DDRB    = (1≪PB1);        //OC1A 做输出
    TCCR1A = 0x40;            //比较输出模式,匹配时 OC1A 取反
    OCR1A = 0x6DDC;           //比较系数 28 124,仿真时可以减少这个值快速验证延时的时间
                             //延时时间:2×256×28 125×250/1 000 000 = 3 600 s
    sleep_enable();           //允许睡眠模式
    set_sleep_mode(SLEEP_MODE_IDLE);
    TIMSK  = (1≪TOIE0);       //允许 T/C0 溢出中断
    sei();                    //全局中断使能

    while(1)
    {
        PORTC^ = (1≪PC0);     //LED 取反
        TCNT0 = 255 - 250 + 1; //计数 250
        TCCR0 = (1≪CS02)|(1≪CS01);  //启动计数器 0,T0 做输入
        TCNT1 = 0;                   //定时器 1 重新计数
        TCCR1B = (1≪WGM12)|(1≪CS12); //256 分频,CTC 模式

        sleep_cpu();                 //进入休眠模式,MCU 将在定时器 0 溢出后唤醒
        TCCR1B = 0;                  //停止定时器 1
```

```
      TCCR0 = 0;                          //停止计数器0
  }
}
```

2.5　CRC 校验计算方法的比较

在通信和数据传输中有多种数据校验的方法,其中 CRC 校验是最常用的数据校验方法之一,它简单易用,可靠性高,能够有效检测出数据发生的错误。根据数据计算位数、计算多项式、计算方式等的不同,CRC 校验又分为 CRC8、CRC12、CRC16、CRC - XMODEM、CRC - CCITT、CRC32、CRC64 等多种不同方法。CRC 校验的原理和具体的计算公式这里不做介绍,那超出了本书的范围和目的,这里只是针对它的具体应用做一些分析和比较。

一般的单片机包括大部分型号的 AVR 单片机都没有硬件 CRC 计算模块,所以计算 CRC 校验时通常需要用软件去计算。通常有 3 种方法计算 CRC 校验的数值:计算法、查表法和半查表法(也叫查表＋计算法),我们就针对这 3 种方法做一个简单分析和比较,看看它们的效率和适应范围。下面以最常用的 16 位 CRC - XMODEM 校验(初始值为 0,计算多项式是 0x1021)为例,其他的 CRC 校验方法也是大同小异。

1. 方法 1,计算法 1

这是最常见的计算方法,通过软件直接计算 CRC 的结果。它的代码很简单,很多参考例程都使用了类似下面的代码:

```c
unsigned int crc_xmodem_calc_1(char * buf, unsigned char len)
{
    unsigned char i;
    unsigned int crc = 0;
    while(len)
    {
      crc = crc ^ ((unsigned int)( * buf)<<8);
      for(i = 8; i > 0; i-- )
      {
        if(crc & 0x8000)
          crc = (crc<<1) ^ 0x1021;
        else
          crc<< = 1;
      }
      buf ++ ;
      len-- ;
    }
```

```
return crc;
}
```

2. 方法二,计算法 2

AVRGCC 的头文件中单独提供了一个 crc16 的头文件,这个头文件中有一个优化了的 CRC-XMODEM 子函数。和方法一相比,它使用内嵌汇编优化了 CRC 的计算。我们使用这个子函数计算 CRC 校验,和上面的代码做一个对比。

```
# include < util/crc16.h >
unsigned int crc_xmodem_calc_2(char * buf, unsigned char len)
{
  unsigned int crc = 0;
  while(len)
  {
    crc = _crc_xmodem_update(crc, * buf);
    buf ++ ;
    len -- ;
  }
  return crc;
}
```

比较两个函数的代码可以看出,函数 crc_xmodem_calc_2 和函数 crc_xmodem_calc_1 的区别就在于具体计算过程上,具体的比较结果在后面进行分析。

3. 方法 3,查表法

因为单片机的性能往往不高,计算速度较慢,所以为了提高计算速度会使用查表法计算 CRC 校验。它的原理是将计算的中间数据先做成表格,这样在需要计算 CRC 校验时就可以无需计算,直接从表格中得到结果。下面是参考代码:

```
# include < avr/pgmspace.h >
// 多项式表
PROGMEM unsigned int Crc1021Table[256] = {
    0x0000, 0x1021, 0x2042, 0x3063, 0x4084, 0x50a5, 0x60c6, 0x70e7,
    0x8108, 0x9129, 0xa14a, 0xb16b, 0xc18c, 0xd1ad, 0xe1ce, 0xf1ef,
    0x1231, 0x0210, 0x3273, 0x2252, 0x52b5, 0x4294, 0x72f7, 0x62d6,
    0x9339, 0x8318, 0xb37b, 0xa35a, 0xd3bd, 0xc39c, 0xf3ff, 0xe3de,
    0x2462, 0x3443, 0x0420, 0x1401, 0x64e6, 0x74c7, 0x44a4, 0x5485,
    0xa56a, 0xb54b, 0x8528, 0x9509, 0xe5ee, 0xf5cf, 0xc5ac, 0xd58d,
    0x3653, 0x2672, 0x1611, 0x0630, 0x76d7, 0x66f6, 0x5695, 0x46b4,
    0xb75b, 0xa77a, 0x9719, 0x8738, 0xf7df, 0xe7fe, 0xd79d, 0xc7bc,
    0x48c4, 0x58e5, 0x6886, 0x78a7, 0x0840, 0x1861, 0x2802, 0x3823,
```

```
    0xc9cc, 0xd9ed, 0xe98e, 0xf9af, 0x8948, 0x9969, 0xa90a, 0xb92b,
    0x5af5, 0x4ad4, 0x7ab7, 0x6a96, 0x1a71, 0x0a50, 0x3a33, 0x2a12,
    0xdbfd, 0xcbdc, 0xfbbf, 0xeb9e, 0x9b79, 0x8b58, 0xbb3b, 0xab1a,
    0x6ca6, 0x7c87, 0x4ce4, 0x5cc5, 0x2c22, 0x3c03, 0x0c60, 0x1c41,
    0xedae, 0xfd8f, 0xcdec, 0xddcd, 0xad2a, 0xbd0b, 0x8d68, 0x9d49,
    0x7e97, 0x6eb6, 0x5ed5, 0x4ef4, 0x3e13, 0x2e32, 0x1e51, 0x0e70,
    0xff9f, 0xefbe, 0xdfdd, 0xcffc, 0xbf1b, 0xaf3a, 0x9f59, 0x8f78,
    0x9188, 0x81a9, 0xb1ca, 0xa1eb, 0xd10c, 0xc12d, 0xf14e, 0xe16f,
    0x1080, 0x00a1, 0x30c2, 0x20e3, 0x5004, 0x4025, 0x7046, 0x6067,
    0x83b9, 0x9398, 0xa3fb, 0xb3da, 0xc33d, 0xd31c, 0xe37f, 0xf35e,
    0x02b1, 0x1290, 0x22f3, 0x32d2, 0x4235, 0x5214, 0x6277, 0x7256,
    0xb5ea, 0xa5cb, 0x95a8, 0x8589, 0xf56e, 0xe54f, 0xd52c, 0xc50d,
    0x34e2, 0x24c3, 0x14a0, 0x0481, 0x7466, 0x6447, 0x5424, 0x4405,
    0xa7db, 0xb7fa, 0x8799, 0x97b8, 0xe75f, 0xf77e, 0xc71d, 0xd73c,
    0x26d3, 0x36f2, 0x0691, 0x16b0, 0x6657, 0x7676, 0x4615, 0x5634,
    0xd94c, 0xc96d, 0xf90e, 0xe92f, 0x99c8, 0x89e9, 0xb98a, 0xa9ab,
    0x5844, 0x4865, 0x7806, 0x6827, 0x18c0, 0x08e1, 0x3882, 0x28a3,
    0xcb7d, 0xdb5c, 0xeb3f, 0xfb1e, 0x8bf9, 0x9bd8, 0xabbb, 0xbb9a,
    0x4a75, 0x5a54, 0x6a37, 0x7a16, 0x0af1, 0x1ad0, 0x2ab3, 0x3a92,
    0xfd2e, 0xed0f, 0xdd6c, 0xcd4d, 0xbdaa, 0xad8b, 0x9de8, 0x8dc9,
    0x7c26, 0x6c07, 0x5c64, 0x4c45, 0x3ca2, 0x2c83, 0x1ce0, 0x0cc1,
    0xef1f, 0xff3e, 0xcf5d, 0xdf7c, 0xaf9b, 0xbffba, 0x8fd9, 0x9ff8,
    0x6e17, 0x7e36, 0x4e55, 0x5e74, 0x2e93, 0x3eb2, 0x0ed1, 0x1ef0
};

unsigned int crc_xmodem_tab(char * buf, unsigned char len)
{
    unsigned int crc = 0;

    while(len > 0)
    {
        crc = (crc<<8 ) ^ pgm_read_word(&Crc1021Table[(crc>>8) ^ ( * buf)]);
        buf ++ ;
        len -- ;
    }
    return crc;
}
```

从代码中可以看出,查表法是将预先计算出的结果保存到数组中,需要时直接从数组中取出,节省了计算的时间,但是这样会占用较大的代码空间。

4. 方法 4,半查表法

半查表法又叫查表计算法,是针对计算法速度慢、查表法占用空间大的缺点折中后的改进算法。

```c
# include < avr/pgmspace.h >
PROGMEM unsigned int crc_ta[16] =                 /* CRC 余式表 */
{
    0x0000, 0x1021, 0x2042, 0x3063, 0x4084, 0x50a5, 0x60c6, 0x70e7,
    0x8108, 0x9129, 0xa14a, 0xb16b, 0xc18c, 0xd1ad, 0xe1ce, 0xf1ef
};

//查表 + 计算
unsigned  int crc_modem_tabcalc(unsigned char * ptr,  unsigned char len)
{
    unsigned int crc = 0;
    unsigned char da;

    while(len -- )
    {
        da = crc>>12;       /* 暂存 CRC 的高 4 位 */
        crc<< = 4;          /* CRC 右移 4 位,相当于取 CRC 的低 12 位) */
        /* CRC 的高 4 位和本字节的前半字节相加后查表计算 CRC,然后加上上一次 CRC 的余数 */
        crc ^= pgm_read_word(&crc_ta[da^(( * ptr)/16)]);
        da = crc>>12;       /* 暂存 CRC 的高 4 位 */
        crc<< = 4;          /* CRC 右移 4 位，相当于 CRC 的低 12 位) */
        /* CRC 的高 4 位和本字节的后半字节相加后查表计算 CRC,然后再加上上一次 CRC 的余数 */
        crc ^= pgm_read_word(&crc_ta[da^(( * ptr) % 16)]);
        ptr ++ ;
    }
    return crc;
}
```

5. 不同方法的比较

为了将不同计算方法进行对比,我们编写了一个例程,分别使用上面 4 个子程序计算同一个数组(50 字节)的 CRC - XMODEM 校验的数值,通过计算时间和函数的大小来测试这几个子程序的运行效率。

```c
# include < avr/io.h >
extern unsigned int crc_xmodem_calc_1(char * buf, unsigned char len);
extern unsigned int crc_xmodem_calc_2(char * buf, unsigned char len);
extern unsigned int crc_xmodem_tab(char * buf, unsigned char len);
extern unsigned int crc_modem_tabcalc(char * ptr,  unsigned char len);

char dat[50];
unsigned char i;
```

```
unsigned int crc0, crc1, crc2, crc3;

int main(void)
{
    for(i = 0; i < 50; i++)
        dat[i] = i;
    crc0 = crc_xmodem_calc_1(dat, 50);
    crc1 = crc_xmodem_calc_2(dat, 50);
    crc2 = crc_xmodem_tab(dat, 50);
    crc3 = crc_modem_tabcalc(dat, 50);

    while(1)
    {
    }

    return 0;
}
```

通过上面这个小程序我们比较一下各函数的代码大小和运行时间,编译时使用默认的选项,优化级别是默认的-s。运行时间通过 AVR Studio 的软件仿真功能查看,仿真的时钟频率设置为 8 MHz,仿真的 AVR 单片机型号是 ATmega8。代码大小可以在项目编译后的 map 文件中查看,如本例的 map 文件中是这样的(下面只显示了与函数相关的这一段):

```
.text           0x00000268        0x60 main.o
                0x00000268                main
.text           0x000002c8        0x68 crc_modem_tabcalc.o
                0x000002c8                   crc_modem_tabcalc
.text           0x00000330        0x32 crc_modem_tab.o
                0x00000330                   crc_xmodem_tab
.text           0x00000362        0x3a crc_modem_calc1.o
                0x00000362                   crc_xmodem_calc_1
.text           0x0000039c        0x46 crc_modem_calc2.o
                0x0000039c                   crc_xmodem_calc_2
.text                             0x000003e2        0x0 e:/program
files/winavr/bin/../lib/gcc/avr/4.3.3/avr4\libgcc.a(_exit.o)
.text                             0x000003e2        0x0 e:/program
files/winavr/bin/../lib/gcc/avr/4.3.3/avr4\libgcc.a(_clear_bss.o)
                0x000003e2                  . = ALIGN (0x2)
```

例如对于函数 crc_modem_tabcalc 部分的内容,就分别代表了代码段、位置、大小等。

```
.text           0x000002c8        0x68 crc_modem_tabcalc.o
```

所以函数 crc_modem_tabcalc 占用空间的大小是 0x68 + 32 = 136,其中的 32 是数据占用的空间。

表 2-1 列出了上面 4 个函数的仿真运行时间和代码大小。

表 2-1 4 个函数的运行性能

子函数	代码大小/字节	运行时间/μs
crc_xmodem_calc_1	58	642.25
crc_xmodem_calc_2	70	196.5
crc_xmodem_tab	562	159
crc_modem_tabcalc	136	540.25

可以看出,常规的计算法(计算法 1)代码最小,但是花费 CPU 的时间最长;查表法最快,但是查表需要的表格占用了非常多的空间,所以消耗的空间最大;半查表法提高了计算速度,同时占用的代码空间并没有增加太多;而最令人惊奇的是计算法 2,使用 AVR 优化的计算子程序,不但代码小,而且速度比查表法只慢了一点点。这可能是由于优化的子程序使用了内嵌汇编语言编写,从而大大提高了计算效率造成的。

通过表 2-1 结果,读者可以根据实际项目的需要选择最合适的 CRC 计算方法。在空间紧张时,优先选择计算法 1 或者计算法 2;对处理速度要求高时,当然就需要选择查表法;如果对速度或空间要求不高,就可以使用优化的计算法 2。半查表法和其他几种方法相比,没有明显优势,所以在 AVR 单片机中一般不推荐使用(在其他单片机中上面的结论不一定是相同的,它和使用的 C 编译器和硬件架构相关,特别是一般 MCU 没有优化的 CRC 计算子程序,所以有时半查表法会是一个不错的选择)。

2.6 变量不自动初始化

在 C 语言中,定义的全局变量如果没有赋初始,则通常自动设置成 0(清零)。但是在某些情况下,我们希望变量的值在单片机复位后保持不变(类似计算机的热启动,这时系统是没有重新上电或断电的),仍然保持复位之前的数值。例如,在使用计数器、时钟、标志位、系统状态等时,通常就希望变量的值不会因为复位而发生变化。

在 AVRGCC 中,可以将不希望清零的变量设置一个 noinit 属性,这样编译器就不会将它自动清零。例如:

```
char cnt1 __attribute__ ((section (".noinit")));
```

图 2-3 演示了变量不自动初始化。程序中定义了两个计数器变量,一个按照上面方式定义不自动清零,另外一个按普通方式定义。每隔 500 ms,计数器加 1,然后在虚拟终端上显示这两个计数器的数值。刚上电时,一开始它们的数值是相同的。

按下按键 S1 后,系统因为 RESET 引脚拉低被复位;或者按下按键 S2 后,系统跳转到 0x0000 处重新运行(相当于软复位)。这时再观察两个变量的输出,第一个变量的数值继续递增,而第二个变量会从 0 开始重新计数,这就可以清楚看出它们的区别来。

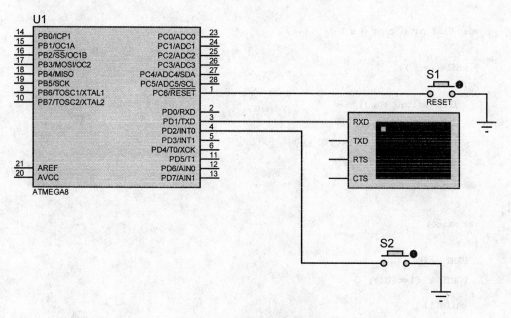

图 2 - 3　本例的仿真原理图

参考程序如下:

```c
#define BAUDRATE    9600UL
#define F_CPU       8000000UL

#include < avr/io. h >
#include < util/delay. h >
#include < stdio. h >

char s[20];
char cnt1 __attribute__ ((section (".noinit")));
char cnt2;

#define UART_read()      UDR
#define UART_write(dat)  UDR = dat

void UART_init()
{
  unsigned int UBRRREG;

  UBRRREG = F_CPU / ( 8 * BAUDRATE ) - 1;
  UBRRH = UBRRREG / 256;
```

```c
    UBRRL = UBRRREG % 256;
    UCSRA = ( 1<<U2X );
    UCSRB = ( 1<<TXEN );
    UCSRC = (1<<URSEL) | ( 1<<UCSZ1 ) | ( 1<<UCSZ0 );
}

void UART_puts( char * s )
{
    while( * s )
    {
        UART_write( * s );
        s++;
        while( !( UCSRA & (1<<TXC )) );
        UCSRA |= ( 1<<TXC );
    }
}

int main()
{
    UART_init();
    PORTD = (1<<PD2);

    while(1)
    {
        _delay_ms(500);

        sprintf(s, "%02X, %02X\n\r", cnt1, cnt2);
        UART_puts(s);
        cnt1++;
        cnt2++;

        // 如果按键按下
        if (!(PIND & ( 1<<PD2)))
        {
            // 等待释放按键
            while(!(PIND & ( 1<<PD2)));

            // 跳转到 0x0000, 相当于软复位
            ( * ((void( * )(void))(0))))();
        }


    }
    return 0;
}
```

2.7　不使用中断向量表

　　在编译一个 AVRGCC 项目时,默认情况下系统自动创建一个中断向量表,其中存放了所有中断服务程序的地址;当发生一个中断时,系统就会根据中断向量表中对应的地址执行中断服务程序。中断向量表位于程序的起始(0x0000),它的大小一般都在数十字节到 1 百多个字节,与单片机的中断个数有关,中断数量越多,中断向量表的大小就越大。中断向量的大小与单片机型号有关,每个中断向量占用 2/4 个字节。

　　图 2-4 是一个 ATmega 8 单片机的二进制文件,加框部分就是它的中断向量表。ATmega 8 单片机有 19 个中断,每个中断向量占用 2 个字节,所以中断向量表大小是 19×2 = 38 字节。而 ATmega 64 单片机有 35 个中断向量,每个中断向量占用 4 个字节,所以中断向量表大小是 35×4 = 140 字节。

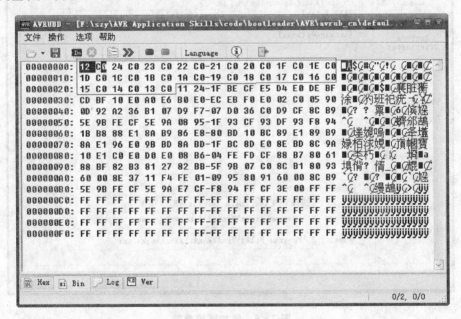

图 2-4　二进制文件

　　中断向量实际就是一个跳转指令。如果在程序中使用了一个中断,并且编写了中断服务程序,编译器就会根据将这个中断向量号将中断服务程序的地址填入中断向量表,这样在发生中断时单片机就会根据这个地址跳转到中断服务程序。对于没有使用的中断向量,编译器通常会创建一个默认服务程序,这样在意外情况下就会转入到默认程序中进行异常处理,使程序可以回到正常状态。也就是说,无论用户程序是否使用中断,也不管使用中断的数量是多少,都会有一个默认的中断向量表和异常处理程序。

一般情况下,中断向量表是由编译器自动创建的,用户不需要去管它。中断向量表只占用了很少的代码空间,所以一般情况下中断向量表的大小对用户程序也没有什么影响。但是在某些情况下,程序空间非常紧张,同时程序中又没有使用到中断(很多功能可以不使用中断而通过查询标志位实现),那么中断向量表占用的空间大小就显得很重要了。如果去掉中断向量表,那么它占用的空间就可以节约下来。

要禁止编译器创建中断向量表,则需要在链接参数(不是编译参数)中加上—nostartfiles,如图 2-5 所示。这样编译器就不会创建默认的启动文件,也就不会创建中断向量表。不过,使用- nostartfiles 参数禁止了创建中断向量表的同时,也会使得编译器不会自动创建堆栈,所以还需要在程序中加上下面一段代码,用来创建默认的堆栈。

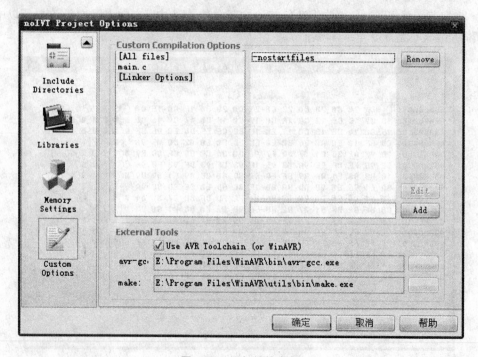

图 2-5 添加链接参数

```
void initstack(void) __attribute__ ((section(".init9")));
void initstack(void)
{
  //设置堆栈
  asm volatile ( ".set __stack, %0" :: "i" (RAMEND) );
  //跳转到主程序
  asm volatile ( "rjmp main" );
}
```

将这个函数放在主程序中,无须调用,编译器就会自动创建默认的堆栈。

2.8　使用比较器做低成本高精度的 ADC

在一些型号的 AVR 单片机中没有 ADC 模块,如 ATTiny2313、ATmega162 等,其在需要进行 ADC 转换时,通常使用外部独立的 ADC 芯片,但会增加系统的成本和元件,增加 PCB 的面积。如果对 ADC 的要求不高,如对转换速度、功耗等指标没有特别要求,那么使用单片机内部的比较器模块完全可以实现一个较高精度的 ADC,它的转换精度甚至比普通 AVR 单片机内部的 10 位 ADC 模块还要高一些,而且抗干扰性能非常好。

使用比较器做 ADC 有几种不同的方式,其中一种是通过测量外部电容充放电的时间实现的。这个方法受到电容大小和电阻精度的影响,同时温度漂移也比较大,所以精度很差;同时这种方法的离散性也很大,通常需要对每个设备进行校正。另外一种就是本书介绍的方法,这种方法使用上更简单,也无需单独校正,更具有实用价值。

需要使用的单片机资源有:一个定时器、一个比较器、除比较器的输入端外一个额外的 IO 作为电平控制。和其他方法以及 AVR 内部 ADC 模块相比,这种方法的转换位数可调,转换结果与 RC 的参数无关,所以精度高,温度漂移小。

2.8.1　原　理

电路的原理如图 2-6 所示,比较器的一端接外部模拟信号输入 V_i,另外一端连接到 RC 组成的低通滤波电路,V_p 是单片机的控制端。模拟信号 V_i 既可以接到比较器的同相输入端,也可以接到反向输入端,效果是一样的。下面以连接到同相输入端为例。

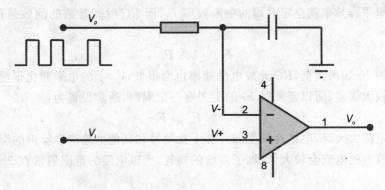

图 2-6　电路原理图

当比较器的输出是高电平时,说明反向输入端的电压相对较低,这时控制 IO 输出高电平,对电容进行充电,反向输入端的电压 V_- 将逐渐升高;如果比较器的输出是低电平,说明反向输入端的电压相对较高,这时控制 IO 输出低电平,电容开始放电,反向输入端的电压会逐渐降低。在达到动态平衡时,比较器两个输入端的电压是相等的(或者是非常接近的,对于模拟电压输入在比较器反向输入端的情况,和上面的分析是类似的,就不再重复了),所以可以得出下式:

$$V_i = V_+ = V_-$$ （式 2.1）

通过电容充放电公式可以知道,电容上的电压是:

$$V(t) = V_o + (V_1 - V_o) \times (1 - e^{(-t/RC)})$$

其中:t 是时间;V_o 是初始电压,这里可以认为是 V_i;V_1 是中止电压,在充电时它等于 V_{cc},放电时等于 0;$V(t)$ 等于 V_-,也就是等于 V_{in}。

所以式 2.1 可以简化为:

$$(V_1 - V_i) \times (1 - e^{(-t/RC)}) = 0$$ （式 2.2）

假设比较器的总采样次数是 N_s,其中输出高电平的次数是 N_h,并且采样时间足够快,那么公式可以进一步推导为:

$$N_h \times (V_{cc} - V_i) \times (1 - e^{(-t/RC)}) =$$
$$(N_s - N_h) \times V_i \times (1 - e^{(-t/RC)})$$ （式 2.3）

进一步简化就是:

$$V_i = V_{cc} \times N_h / N_s$$ （式 2.4）

可以看出,转换结果只与 V_{cc}(相当于基准电压)和采样次数相关,而与定时器的时间无关。通常 V_{cc} 是恒定的,所以增加采样次数就可以提高转换精度,但是同时就会增加采样时间,降低转换速率。

上面的公式中没有出现 RC 的参数,就是说 RC 的参数对计算结果没有影响。但是实际上如果 RC 参数选择不合适,就会对转换结果造成较大影响,使得实际结果有较大误差。对于电阻电容参数的选择,在数值上没有太严格的限制,主要是 RC 时间常数需要在合适的范围之内。首先根据采样定律,采样频率要大于信号频率的两倍。在这里采样频率就是定时器的中断频率 F_t,而 RC 时间常数的倒数是信号频率 F_c,那么:

$$F_t > 2 \times F_c$$

同时考虑到 F_c 如果太低,RC 充放电的速率也会很低,V_- 上的电平变化很慢,使比较器会产生较大误差,所以需要对 F_t 的上限有一定限制,通常设置为:

$$200 \times F_c > F_t$$

其次电阻太大时,电路容易受到外部干扰信号和其他电路产生噪声的影响;电阻太小时充放电的电流会较大,增加了系统的功耗,所以电阻的范围通常在 $2 \sim 500$ kΩ 之间。

使用这种方法时还有一个地方需要注意,定时器的工作频率 F_t 不能太低,因为前面比较器计数的过程其实也就是积分运算,如果定时器的速率太低,定时间隔较长,也就是积分运算的 dt 比较大,那么积分计算的误差就会比较大。理论上定时器的频率越高越好,越高 dt 越小,计算的结果越逼近真实值。实际使用中只要定时器的频率在 100 Hz 以上,就都可以得到比较满意的转换结果。

这种方法的原理类似于积分型的 ADC,所以它也带有积分型 ADC 的特点:精度高、抗干扰性能好(特别是对于脉冲干扰信号的抑制能力非常强,对工频信号的抑制效果也很好),但是转换速度比较慢。例如,当定时器的频率是 1 000 Hz 时,如果 ADC 的位数是 10 bit,那么采样次数就是 1 024 次,一次转换需要的时间是 1.024 s;如果 ADC 的位数是 12 bit,一次转换的时间就是 4.096 s;如果 ADC 的位数是 16 位,计算次数是 65 536 次,转换时间就需要 65 s(非常长)。转换时间的计算公式是:

$$T_{adc} = N_s / F_t$$

其中,N_s 是总的采样和比较次数,F_t 是定时器的频率。

2.8.2　优缺点

从 2.8.1 小节的分析中也容易看出,使用比较器做 ADC 时优点如下:

➢ 硬件和软件都很简单;

➢ 成本低;

➢ 占用 CPU 时间少;

➢ 支持低功耗模式;

➢ 可以灵活改变 ADC 的精度;

➢ 抗干扰性能好;

➢ 一致性好,无需对每个单片机进行单独校正;

➢ 通用性好,容易移植到其他单片机系统中。

缺点如下:

➢ 转换速度慢;

➢ 需要占用一个定时器。

在实际应用中,我们可以根据这种方法的特点灵活选择,从而获得理想的效果。

2.8.3　参考例程 1

参考子程序例程如下:

```
/ *
    bits:   ADC bits
    mode:   external ADC input mode
            0, negative input
            1, positive input
    flag:   ADC convert finished flag
    func:   interrupt function
    var:    ADC converter value
    tmp:
    cnt:    internal tmp variable
```

```
* /
struct stCOMPADC
{
    unsigned int bits;
    unsigned char mode :1;
    volatile unsigned char flag :1;
    void ( * func)(void);
    unsigned int  var;
    unsigned int  tmp;
    volatile unsigned int  cnt;
};
```

// 转换初始化
```
void COMPADC_init( struct stCOMPADC * adVAR, unsigned int ADCbits, unsigned char mode,
void ( * func)(void) )
{
    ( * adVAR).bits = ADCbits;
    ( * adVAR).mode = mode;
    ( * adVAR).flag = 0;
    ( * adVAR).func = func;
    ( * adVAR).var  = 0;
    ( * adVAR).tmp  = 0;
    ( * adVAR).cnt  = ADCbits;
}
```

// 数据转换,在转换完成后更新数据
```
void COMPADC_svr( struct stCOMPADC * adVAR )
{
    // 根据比较器输入端的接法,计算累加值,同时设置控制端电平
    if ( CMP_out() == ( * adVAR).mode )
    {
        ( * adVAR).tmp + + ;
        PINSET(ADP);
    }
    else
    {
        PINCLR(ADP);
    }

    if ( ( * adVAR).cnt )
    {
        ( * adVAR).cnt - - ;
    }
    else
```

```
{
    // 计数器到 0,保存结果,设置转换完成标志位
    ( * adVAR).var = ( * adVAR).tmp;
    ( * adVAR).tmp = 0;
    ( * adVAR).cnt  = ( * adVAR).bits;
    ( * adVAR).flag = 1;
    // 如果设定了转换完成事件,调用相应函数
    if ( ( * adVAR).func != 0 )
      ( * adVAR).func();
  }
}
```

这个转换子程序需要放入到定时器的中断服务程序中定时调用。定时器的频率决定了转换速率,定时器频率越快,转换的位数越低,ADC 的转换速度越快;反之,转换速度越慢。

```
ISR(SIG_OUTPUT_COMPARE0A)
{
    COMPADC_svr(&adVAR);
}
```

下面是这个例子的主程序代码。运行的结果通过串口输出,可以在通过串口软件查看。

```
// IO 初始化
void IO_init()
{
  PINDIR( LED, PIN_OUTPUT );
  PINDIR( ADP, PIN_OUTPUT );
}

// 串口初始化
void UART_init()
{
  unsigned int UBRRREG;

  UBRRREG = F_CPU / ( 8 * BAUDRATE ) - 1;
  UBRRH = UBRRREG / 256;
  UBRRL = UBRRREG % 256;
  UCSRA = ( 1 << U2X );
  UCSRB = ( 1 << TXEN );
  UCSRC = ( 1 << UCSZ1) | ( 1 << UCSZ0 );
}

// 向串口输出字符串
```

```c
void UART_puts( char * s )
{
  while( * s )
  {
    UART_write( * s );
    s ++ ;
    while( ! ( UCSRA & (1 << TXC ) ) );
    UCSRA | = ( 1 << TXC );
  }
}

// 定时器初始化
void TMR_init()
{
  OCR0A = F_CPU / ( 8 * 1000 ) - 1;
  TCCR0A = ( 1 << WGM01 );        // CTC mode
  TCCR0B = (1 << CS01 );          // CLK/8
}

void MCU_init()
{
}

// 比较器初始化
void CMP_init()
{
  DIDR = 0x03;  // disable digital input buffer
  ACSR = 0;
}

// 中断初始化
void ISR_init()
{
  TIMSK = ( 1 << OCIE0A );
  sei();
}

void SYS_init()
{
  MCU_init();
  IO_init();
  TMR_init();
  UART_init();
  CMP_init();
```

```
    // 初始化比较器 ADC,设置转换次数 1000
    COMPADC_init(&adVAR, 1000, 1, 0);

    ISR_init();
}

int main()
{
    char s[10];
    unsigned int tmp;

    SYS_init();

    while(1)
    {
        // 转换完成
        if ( adVAR.flag )
        {
            adVAR.flag = 0;
            PININV( LED );

            // 将数值转换为电压
            tmp = adVAR.var * 5000UL / adVAR.bits;
            s[0] = tmp / 1000 + '0';
            tmp = tmp % 1000;
            s[1] = '.';
            s[2] = tmp / 100 + '0';
            tmp = tmp % 100;
            s[3] = tmp / 10 + '0';
            s[4] = tmp % 10 + '0';
            s[5] = '';
            s[6] = 'V';
            s[7] = 0;

            // 结果输出到串口
            UART_puts(s);
            UART_puts("\r\n");   // 换行回车
        }
    }
    return 0;
}
```

图 2-7 是配合例程的 proteus 仿真例子,使用比较器采集电位器 RV1 上的电压。在 proteus 的虚拟终端中可以直接观察到转换后电压的数值,改变电位器的位

置就可以看到输出电压随之变化。在仿真中还可以发现第一次的转换结果和实际值有较大误差,这是因为第一次转换时电容是从 0 V 开始充电的,达到充放电平衡需要一个较长时间,所以通常会将前几次的转换结果舍弃。

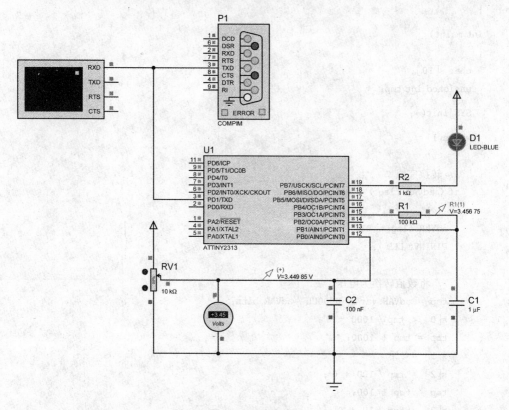

图 2－7　仿真电路

2.8.4　参考例程 2

从 2.8.3 小节的例子中还可以看到,使用比较器实现 ADC 的功能只使用了比较器和定时器模块,对于比较器只使用到了最基本的比较功能,所以使用普通的比较器芯片也可以实现同样的功能,只是需要多占用一个 IO 口用于读取比较器的输出状态。如果用多个比较器,还可以同时进行多路 ADC 转换,它们可以共用一个定时器以及定时中断,消耗的系统资源和占用 MCU 的时间是很少的。

使用最通用的双比较器 LM393 实现双路比较器 ADC 的原理图如图 2－8 所示。比较器 1 通过同相输入端采样 IN1 输入电压,ADC 的分辨率是 1 000;比较器 2 通过反相输入端采样 IN2 输入电压,ADC 的分辨率是 2 000。

参考程序代码和上面的 2.8.3 小节的例程 1 类似,这里就不列出了,完整的代码可以在光盘中找到(code\program\CmpAD\demo2)。

相对于使用过采样法提高 ADC 转换的精度,使用比较器更加容易提高转换的

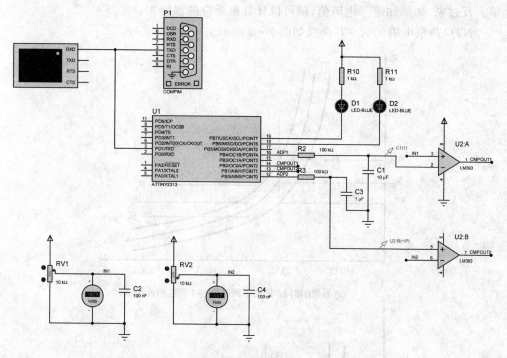

图 2-8 使用 LM393 实现双路比较器 ADC 原理图

精度,而且实现起来更加简单、占用 MCU 时间少、效果更好(现在有些单片机内部的 ADC 以及一些专用的 ADC 芯片针对 ADC 转换结果做了优化处理,使其一致性非常好,这时使用过采样往往就不能得到理想的效果)。此外,使用比较器做 ADC 还可以工作在低功耗模式,可以用于电池供电的应用。

2.9 使用查表法计算 NTC 热敏电阻的温度

NTC 是 Negative Temperature CoeffiCient 的简称,是一种电阻值随着温度上升而降低的特殊材料。因为 NTC 材料的阻值会随着温度变化,同时成本低,稳定性好,所以广泛应用在与温度相关的各种应用中,如冰箱、空调、热水器、电子万年历、锂电池温度保护等。

2.9.1 原 理

NTC 热敏电阻的阻值与温度相关,温度越低,阻值越高,但是它的温度电阻曲线并不是线性的,近似计算公式如下:

$$R_T = R_{T0} \times e^{(B \times (1/T - 1/T0))} \qquad (式 2.5)$$

其中,R_T、R_{T0} 分别为温度 T、$T0$ 时的电阻值,T 和 $T0$ 的单位是绝对温度,Bn 为材料常数,而 $T0$ 通常取 25℃。只要知道了 $T0$、R_{T0}、B,就可以计算出任意温度下的电阻值。反过来,如果知道了电阻值,就可以计算出对应的温度来。

NTC 热敏电阻的 $R-T$ 曲线如图 2-9 所示。

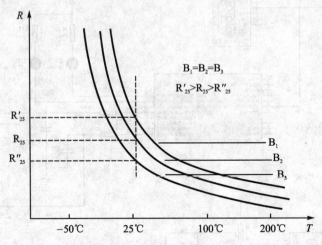

(a) 系数B相同,阻值不同时的$R-T$特性曲线图

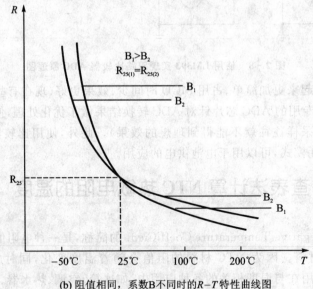

(b) 阻值相同,系数B不同时的$R-T$特性曲线图

图 2-9 NTC 热敏电阻的 $R-T$ 曲线

在单片机系统中使用 NTC 热敏电阻采集温度时,通常会使用电阻串联分压的方式。如图 2-10 所示,将电阻 R_1 和热敏电阻 R_{T1} 串联,电阻另外两边分别接 V_{cc} 和 GND,再将串联后分压的电压连接到 ADC 的输入端。为了方便计算,通常取 R_1 等于热敏电阻 25℃时的电阻值 R_{T0},这样在 25℃时,采样电压正好等于 $V_{cc}/2$,如果 ADC 是 10 位,转换结果就是 512。

在上面参数的情况下,可以得到下面公式:

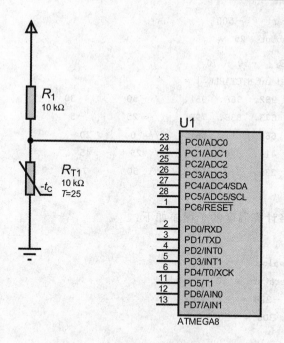

图 2-10　电阻串联分压电路

$$V_{in} = V_{cc} \times R_{T1} / (R_1 + R_{T1}) \qquad\text{(式 2.6)}$$

通过 ADC 模块采样计算出 V_{in} 后,就可以计算出 R_{T1},再通过式 2.5 就可以计算出对应的温度。但是这个公式比较复杂,需要使用到对数运算和浮点乘除运算,对于没有数学处理器的单片机需要通过浮点运算库进行计算,不但会占用较大的 Flash 空间,同时也会消耗大量的 CPU 时间,计算精度也并不是非常高。于是先对式 2.5 进行一下变换,假设 V_{in} 对应的 ADC 采样数值是 A_t,而 VCC 对应的 ADC 数值是满量程 A_f(10 位 ADC 就是 1 024),那么:

$$A_t = A_f \times R_{T1} / (R_1 + R_{T1}) \qquad\text{(式 2.7)}$$

如果预先将不同温度下的电阻计算出来并存入到表格中,就得到一个温度/ADC 对应关系的表格。使用时利用 ADC 的数值进行查表,就可以直接得到相应的温度。如果设定的采样点很多,那么数据表格就会很大,而在很多应用中对温度的精度要求不是很高(NTC 热敏电阻的本身精度也不高),所以可以预先设定一个步距,只计算出数个参考点的温度,然后对相邻两点进行插值就可以得到相对精确的温度值。

2.9.2　参考例程

下面以常见的 NCP15XH103 热敏电阻为例,它在常温下的电阻 R_{T0} 是 10 kΩ,B 等于 3 380。设定温度步距为 5℃,温度范围是 -50~70℃,那么对应的数据表格如下:

```
#define NTC_Step        50
```

```
#define NTC_Start     - 500
#define NTC_TabCnt    25

// Table for NTC: [ - 50 - 70 ]
PROGMEM unsigned int NTCTABLE[] = {
 1002,  993,  982,  968,  951,   // - 50   -   - 30
  929,  904,  873,  838,  799,   // - 25   -   - 5
  756,  710,  661,  611,  561,   //   0    -   20
  512,  464,  419,  376,  337,   //  25    -   45
  301,  268,  239,  212,  189    //  50    -   70
};
```

使用上面表格计算温度的子程序如下:

```
/ *
  val:     ADC value
  return: Temperature * 10
            eg, - 224 = - 22.4 C
               300 =   30.0 C
* /
signed int getTemperature(unsigned int val)
{
  unsigned char i;

  for( ! = 0; i < NTC_TabCnt; i ++ )
  {
    if(pgm_read_word(NTCTABLE + i) < = val)
      break;
  }

  if(! == 0)
    return NTC_Start;
  if(! == NTC_TabCnt)
    return (NTC_Start + (NTC_TabCnt - 1) * NTC_Step);

  return ( NTC_Start + (i - 1) * NTC_Step + \
          NTC_Step * (pgm_read_word(&NTCTABLE[i - 1]) - val) / \
          (pgm_read_word(&NTCTABLE [i - 1]) - pgm_read_word(&NTCTABLE[i])));
}
```

函数的入口参数是 ADC 采样的数值。为了使得采样结果更加准确,减少干扰信号造成的影响,可以将多次采样结果平均,也可以采用其他更复杂的滤波算法,然后在传入函数进行计算。在函数内部先判断温度对应的区间,然后通过区间的两个端点温度的数值线性插值,计算出实际的温度。函数的返回参数就是对应的实际温度值。为了减少 MCU 的资源占用,函数内部使用了整数进行计算,没有使用浮点数。同时为了使计算结果更加精确，返回参数是实际温度乘以 10，就是说最小分辨率是 $0.1℃$，例如 123 代表 $12.3℃$。这个精度对于大部分应用是足够了。

为了适应不同型号的 NTC 热敏电阻以及不同分辨率（位数）的 ADC，在上面的函数中使用宏定义对应了不同的 NTC 参数。为了简化数组参数的计算，作者还编写了一个小软件自动进行数值计算，可以将计算结果保存到文件中供用户程序直接调用。软件的使用很简单，如图 2-11 所示，只需要设置前面介绍的几个基本参数 RT0 和 B，以及温度采样的步距、ADC 的位数、温度范围等，就会自动计算出 ADC 数值和对应的电阻。单击"保存数据"按钮就可以将数据保存到一个 C 语言文件中，这个文件可以直接加入到用户的项目中。这个方法具有较强的通用性，这个函数也可以移植到其他单片机系统中，只需要根据不同单片机系统 C 编译器的语法进行少量修改就能直接使用。

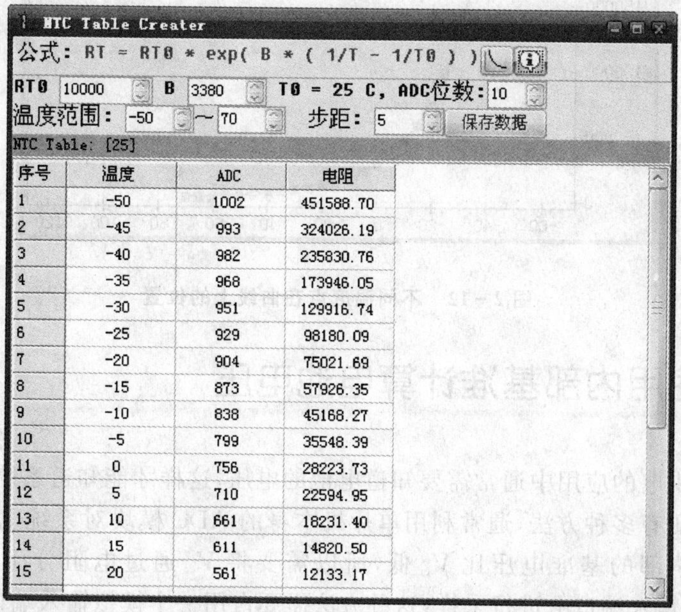

公式：RT = RT0 * exp(B * (1/T - 1/T0))

序号	温度	ADC	电阻
1	-50	1002	451588.70
2	-45	993	324026.19
3	-40	982	235830.76
4	-35	968	173946.05
5	-30	951	129916.74
6	-25	929	98180.09
7	-20	904	75021.69
8	-15	873	57926.35
9	-10	838	45168.27
10	-5	799	35548.39
11	0	756	28223.73
12	5	710	22594.95
13	10	661	18231.40
14	15	611	14820.50
15	20	561	12133.17

图 2-11 自动数值计算界面

单击图 2-11 工具栏上的 图标，可以查看当前参数下的 R-T 曲线图，以及不同温度点在曲线上的位置，如图 2-12 所示。从曲线可以看出，在温度低时曲线比较陡峭，所以这时的计算误差相对较大。

在其他需要进行复杂计算的应用中也可以采用类似的方法，使用查表进行计算，避免单片机进行复杂的计算过程。对于不同的计算公式，只需要修改上位机软件中相应的计算公式，就可以快速生成数组参数。

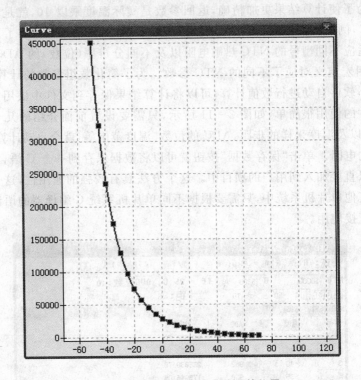

图 2-12　不同温度点在曲线上的位置

2.10　使用内部基准计算电池电压

在电池供电的应用中通常需要知道电池的电压,这样才能知道系统的剩余电量。计算电池电压有多种方法,通常利用单片机本身的 ADC 模块对系统电压进行采样,因为单片机内部的基准电压比 V_{cc} 低,所以需要将 V_{cc} 通过电阻分压,然后连接到 ADC 的一个输入端口上进行采样,这种方法需要占用一个模拟输入端口。

图 2-13 是 AVR 单片机数据手册中提供的 ADC 模块系统框图。可以看到,单片机的内部将带隙基准源 V_{BG} 连接到了 ADC 模块上(并没有连接到外部的 IO 上)。因为 VBG 是不变的,所以可以通过读取 V_{BG} 上的电压反过来计算出系统的电压 V_{cc},也就是电池电压。这样的好处是可以不用连接任何外部元件,也不占用 IO 口,不但使用简单,也降低了系统的功耗。

使用这种方法时,需要先将 ADC 模块的参考电压设置为 AVCC,同时将 AVCC 连接到 V_{cc} 上,也就是将 V_{cc} 设置为 ADC 转换时的参考电压。假设 V_{BG} 对应的 ADC 数值是 ADCbg,因为 V_{cc} 对应的 ADC 数值是满刻度 1 024,那么:

$$V_{cc} / 1\ 024 = V_{BG} / ADCbg$$

在 AVR 单片机中,V_{BG} 通常是 1.1 V(这个电压与单片机型号有关,具体数值需

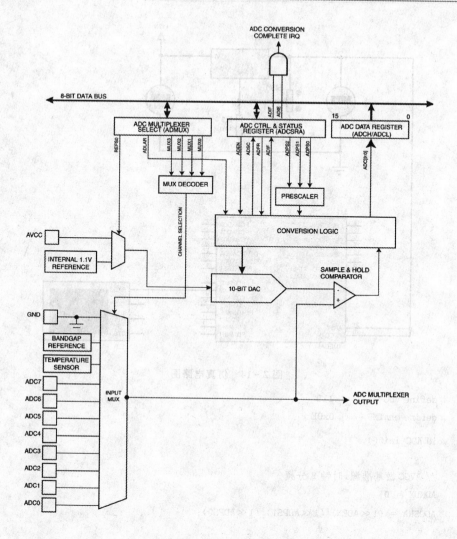

图 2 - 13　ADC 模块系统框图

要查看芯片的数据手册),所以

$$V_{cc} = 1.1 \times 1\,024 / ADC_{bg} = 1\,126 / ADCbg$$

出于成本考虑,AVR 单片机的内部基准参考电压的精度并不是很高,而且还有一定的离散性(大部分其他的单片机也是这样)。所以,需要精确结果时还需要对内部基准的电压做校正。

参考仿真电路如图 2 - 14 所示。正常情况下,AVCC 连接到 VCC。这里为了方便演示,将 AVCC 输入电压连接到 LM317 的输出上,以模拟 VCC 的变化。通过调整 RV1 的电阻,就可以改变 AVCC 上的电压。参考程序如下:

AVR 单片机应用专题精讲

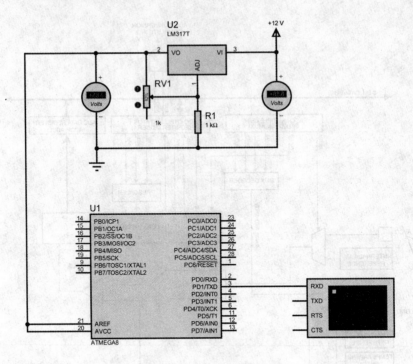

图 2－14　仿真电路图

```
#define VBG            110
#define chnTMP         0x0E

void ADC_init()
{
    // AVCC 做基准源，时钟 8 分频
    ADMUX = 0;
    ADCSRA = (1≪ADEN)|(1≪ADPS1)|(1≪ADPS0);
}

unsigned int getADC(unsigned char chn)
{
    ADMUX = (chn % 16);
    ADCSRA = (1≪ADEN)|(1≪ADPS1)|(1≪ADPS0)|(1≪ADSC);
    while(ADCSRA & (1≪ADSC));
    return ADC;
}

char s[30];
unsigned int Vd;
int main()
{
    UART_init();
```

```
ADC_init();

for(;;)
{
    _delay_ms(500);

    // read Vref
    Vd = getADC(chnTMP);

    // Vcc    1024
    // Vref   ADC
    // --------------------
    // Vcc = 1024 * Vref/ADC
    sprintf(s, "ADC = % d,  Vcc = % ld\n\r", Vd, 1024L * VBG/Vd);
    UART_puts(s);
}

return 0;
}
```

2.11 FreeRTOS

2.11.1 为什么使用 FreeRTOS

在嵌入式系统中,RTOS(Real-time Operating System,实时操作系统)得到越来越广泛的应用,因为它可以简化程序逻辑涉及、方便划分系统的功能模块、降低开发门槛和开发难度、增强系统的稳定性、提高开发效率等。

在 AVR 单片机中,可以使用的 RTOS 很多,免费和收费的加起来有数十种,如μC/OS、FreeRTOS、AVRX、Salvo、YAVRTOS、AVRAsmOS、TinyOS、Femto OS、BeRTOS、iRTOS、OPEX、OSA 等。那为什么在这里只介绍 FreeRTOS 呢? 这有如下几个原因:

➤ 首先,FreeRTOS 是一个通用性的 RTOS。目前它已经移植到了 51、AVR、MSP430、HCS08/HCS12、PIC18/PIC24/PIC32、Cotex M3/M0/M4、CodeFire 等数十种微控制器上,同时还支持 SDCC、GCC、MDK、IAR、CodeWarrior 等多种 C 编译器。因此在一种微控制器上编写的代码,就很容易移植到其他平台上,具有了一定的通用性。所以使用 FreeRTOS 可以提高代码的重复利用率,节省了移植成本。而很多其他的 RTOS 只是针对 AVR 单片机或很少几种微控制器的,适用范围比较小,虽然它们的运行效率在 AVR 单片机上可能更高、需要的系统资源更少,但是不具有通用性,很难移植到其他单片机或控制器平台上。

➤ 其次,FreeRTOS 是开源和免费的,没有功能上的限制。而有的 RTOS 虽然功能也非常强,却是收费的;有的 RTOS 没有提供源码,无法根据用户需要修改;还有的 RTOS 只提供试用版或功能限制版,对功能有一定限制(如最多只能使用 16 个任务)。

➤ FreeRTOS 的功能很强。和目前主流的 RTOS 相比,FreeRTOS 的功能和性能毫不逊色,支持占先式和非占先式内核调度机制,也支持功能裁减、低功耗模式、软件定时器、信号量/互斥等多种功能。它还能够支持文件系统、TCP/IP 协议栈、USB 等功能。

➤ FreeRTOS 很容易使用。虽然 FreeRTOS 的 API 函数名称、参数、内核的调度机制等和很多 RTOS 不一定相同,但是它们的原理和使用方法都是类似的。只要有使用过其他 RTOS 的一些经验,就能快速开始使用。即使没有使用过任何 RTOS,也可以通过官方提供的参考例程、API 帮助文档以及本书的介绍,很快掌握基本使用方法。

➤ FreeRTOS 已经发布了很长时间,并且还在不断改进中,而一些 RTOS 已经停止了开发。

➤ FreeRTOS 有很多成功的应用案例。

➤ FreeRTOS 有完善的社区。虽然免费版本的 FreeRTOS 不提供商业支持,但是它有一个活跃而免费的论坛,通常大部分问题可以在这里找到答案。在必要的情况下还可以使用 FreeRTOS 的商用版本 OpenRTOS 或 SafeRTOS 从而获取完整的技术支持。

➤ 让用户有更多的选择。虽然 μC/OS、VxWorks 等 RTOS 的功能可能更多、更强,使用的人更多,但是在很多情况下,我们还是需要有更多的选择,根据不同的应用要求选择合适的 RTOS。

此外还有一个原因就是 FreeRTOS 的相关介绍比较少。虽然其他一些 RTOS 也很不错,但是相关的介绍已经非常多了,如 μC/OS,几乎成为嵌入式 RTOS 的标准之一了。所以本书从实际应用的角度介绍 FreeRTOS 在 AVR 单片机上的基本使用方法,方便读者快速入门。

2.11.2　FreeRTOS 的 3 种版本

FreeRTOS 分 3 种不同的版本,它们的区别是:

➤ FreeRTOS,开源版本,可以免费使用,没有任何功能限制,也无须要求同时将用户项目代码开源。

➤ OpenRTOS,FreeRTOS 的商用授权版本,包括了更多功能,如 USB、文件系统、TCP/IP 协议栈等。

➤ SafeRTOS,通过了 SIL3 TUV 安全认证,为关键应用设计的 RTOS,如 TI 的

LM3S9B96 芯片中就集成了 SafeRTOS。

通常情况下我们说的 FreeRTOS 就是第一种版本,其他版本可以认为是第一个版本的商业版或增强版,使用方法是一样的。

2.11.3 FreeRTOS 的使用方法

FreeRTOS 的文档和介绍资料较少(特别是中文资料很少),而官方提供的例程虽然功能很全,但是对于初学者来说又显得过于复杂,很难快速掌握 FreeRTOS 的基本要领。通过本书的介绍,可以使读者快速在 AVR 单片机上使用 FreeRTOS,了解 FreeRTOS 的基本使用方法以及参数的配置。如果读者需要深入了解 FreeRTOS,掌握更多的用法和功能,可以在 FreeRTOS 的官方网站和论坛中找到许多相关资源。

1. FreeRTOS 的文件结构

FreeRTOS 的代码是以一个自解压文件或者 zip 压缩文件方式提供的,里面包含了 FreeRTOS 的所有源代码和例程,包括目前已移植控制器的相关文件。目前 FreeRTOS 为了方便用户使用和减少发行版本的种类,将源码、所有已移植过的处理器文件、例程都打包在一起,所以压缩文件中包含的文件非常多。如果将这个压缩文件展开,就可以看到它包含了这样如下主要文件夹:

FreeRTOS   根目录

| — Source   包含 FreeRTOS 的源代码和相关平台的移植文件

| | — include 相关头文件

| | — portable 不同平台移植的相关文件

| — Demo   各种平台和编译器的例程

| | — Common 公共文件。Demo 文件夹下,除了 Common 文件夹,其他的
            文件夹基本都是相关例程

| — License   授权文件,FreeRTOS 是按照 GPL 方式授权的

2. 创建 FreeRTOS 项目

在 FreeRTOS 官方的文档中,创建一个新项目时,建议从修改已有的例程开始,然后逐步删除、添加或替换文件,最后完成用户的功能。这样虽然能快速创建项目,但是也带来一个问题:因为整个压缩文件中包含的文件很多,例程也很复杂,而且这些例程还有一些共用文件,许多文件之间存在着一定的依赖关系。这样往往在针对某个具体项目不容易快速找到真正需要的文件,特别是对于初学者,往往会感觉无从下手。其实,如果掌握了 FreeRTOS 基本使用方法和了解文件结构,自己重新创建项目往往更加简洁方便。比如,针对 AVR 单片机,在使用 FreeRTOS 时,基本需要的文件有:

(1) FreeRTOS 系统文件

FreeRTOS 的系统文件通常放在项目文件夹下的 FreeRTOS 子文件夹中,而 FreeRTOS 目录下的 portable 文件夹包含了不同平台的移植文件。因为 FreeRTOS 发布时将各种平台的移植文件都包含在这个目录下,所以这个目录中的文件数量非常多。为了减少文件数量,我们可以只保留相关处理器的移植文件和内存管理文件,其他无关的文件和目录可以删除,从而有利于项目文件的维护。

例如对于 AVR 单片机,只需要保留 portable 下的目录有 Source\portable\memmang\和 Source\portable\gcc\atmega323,其他文件可以删除,从而节约磁盘空间,也方便项目管理。通常情况下,FreeRTOS 的系统文件有 list.c、queue.c、tasks.c、timers.c 以及内存管理文件 heap_1.c、处理器移植文件 port.c,一共 6 个 C 语言文件以及多个头文件。如果使用了协程,还需要包含相应的文件 croutine.c。

(2) FreeRTOSConfig.h

FreeRTOS 系统配置文件。每个使用 FreeRTOS 的项目都需要有这样一个系统参数配置文件,它可以放在任意位置,但是习惯上放在项目的根目录下,或者用户专用的参数配置文件夹中。可以从处理器相关例程中复制这个文件到用户项目中,然后根据不同的项目需求修改参数。

(3) 用户文件

对于用户文件没有特别要求,和其他项目的文件管理方式相同,可以根据用户习惯和项目要求进行设置和管理。

创建完新的用户项目,并按照上面的方式将用户文件和 FreeRTOS 系统文件复制到项目文件夹中后,就可以将它们添加到项目中(C 语言文件和头文件需要分别添加)。图 2-15 显示了一个在 AVR Studio 中创建的 FreeRTOS 项目以及相关文件,在这里用户文件只有一个 main.c。

添加了 FreeRTOS 系统文件和用户文件后,还需要对文件路径进行配置,这样编译器才能找到 FreeRTOS 系统文件,否则编译时会出现错误提示。对于 FreeR-TOS 的文件,通常需要添加下面 3 个目录:

> 系统配置文件 FreeRTOSConfig.h 所在目录,通常是项目的根目录。如图 2-16 中的目录 ".\"就代表了文件 FreeRTOSConfig.h 所在目录。
> FreeRTOS 头文件所在目录。
> FreeRTOS 处理器平台相关文件。

图 2-16 显示了在 AVR Studio 中添加的 3 个相关目录,是在项目属性的"Include Directories"中设置。

3. 配置 FreeRTOS

任何 RTOS 在使用前都需要配置一些基本的系统参数,如系统时钟频率、系统节拍速率、内核调度模式等。而 FreeRTOS 还支持功能裁减,可以根据不同的应用

图 2 - 15　FreeRTOS 项目

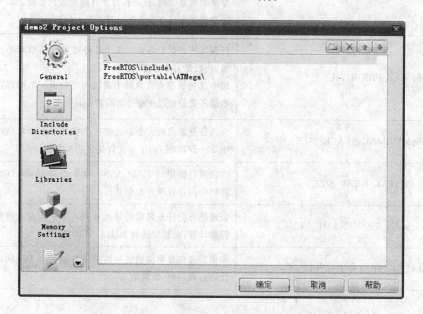

图 2 - 16　在 AVR Studio 中添加 3 个相关目录

需求去掉不需要的功能模块,减少 RTOS 内核占用的系统资源大小。

FreeRTOS 的参数配置就是对 FreeRTOSConfig. h 中的内容进行修改。FreeR-TOS 的参数分为两大类,以 config 开头的参数通常属于系统功能和参数定义,以 INCLUDE_ 开头的参数通常属于内核功能模块裁减。FreeRTOS 的参数不算很多,主要的参数以及简要说明如表 2-2 所列。

表 2-2   FreeRTOS 的主要参数及说明

参　数	说　明
configUSE_PREEMPTION	设置为 1 代表使用占先式内核,0 代表使用协作式内核
configUSE_IDLE_HOOK	设置为 1 时代表使用 idle hook 功能
configUSE_TICK_HOOK	设置为 1 时代表使用 tick hook 功能
configCPU_CLOCK_HZ	处理器内核频率,按照 Hz 为单位计算。与时间相关的很多功能都依赖于这个频率参数
configTICK_RATE_HZ	RTOS 节拍频率。 节拍中断用于计算时间。高频率的节拍意味着定时器的分辨率高,同时这也意味着内核需要花费更多的 CPU 时间使效率降低。在 RTOS 的所有例程中都使用了 1 000 Hz 的速率。这用于测试内核,它通常高于实际的需求。 多个任务可以使用同样的优先级,相同优先级的任务将分享处理器时间,任务在每个时间片进行切换。高节拍速率将减少每个任务的时间片大小
configMAX_PRIORITIES	任务可用的优先级数。多个任务可以使用相同的优先级,协程是另外考虑的。 每个优先级都会在内核中消耗一定的 RAM,所以这个数值不要设置过于超过实际需要
configMINIMAL_STACK_SIZE	空闲任务堆栈的大小。通常这个值不要小于对应例程中 FreeRTOSConfig. h 文件提供的参考值
configTOTAL_HEAP_SIZE	内核可以使用的 RAM 大小。这个值与 FreeRTOS 的源码中内存管理方案有关
configMAX_TASK_NAME_LEN	创建任务时任务名称的最大长度。这个长度是按照字符数计算,包括结尾的 NULL 字节
configUSE_TRACE_FACILITY	如果需要包含附加的结构体成员和函数用于协助可视化运行和跟踪,设置为 1

参　　数	说　　明
configUSE_16_BIT_TICKS	定时器是按照"节拍"计算从内核启动开始到定时器发生中断时的节拍数。节拍计数保存在一个 port-TickType 类型的变量中。 configUSE_16_BIT_TICKS 设置为 1 时 portTick-Type 定义为无符号的 16 位类型,定义为 0 时它是无符号的 32 位类型。 在 8 位或 16 位处理器架构中使用 16 位类型可以提升性能,但是会限制最大的实际周期为 65 535 个节拍。例如,假设节拍频率是 250 Hz,在 16 位计数器时任务最大延时或阻塞时间是 262 s,同样情况下使用 32 位计数器时是 17 179 869 s
configIDLE_SHOULD_YIELD	使用空闲任务优先级的任务运行方式
configUSE_MUTEXES	设置为 1 包含互斥功能,设置为 0 忽略这个功能
configUSE_RECURSIVE_MUTEXES	设置为 1 包含递归互斥功能
configUSE_COUNTING_SEMAPHORES	设置为 1 包含计数信号功能
configUSE_ALTERNATIVE_API	设置为 1 包含"替换"队列功能
configCHECK_FOR_STACK_OVERFLOW	检查堆栈溢出
configQUEUE_REGISTRY_SIZE	注册的队列和信号的最大数量
configGENERATE_RUN_TIME_STATS	运行时间状态
configUSE_CO_ROUTINES	设置为 1 包含协程功能。同时需要包含文件 crou-tine.c 到项目中
configMAX_CO_ROUTINE_PRIORITIES	协程优先级的数量,协程可以共用相同的优先级。任务的优先级与此是不同
configUSE_TIMERS	设置为 1 时使用软件定时器
configTIMER_TASK_PRIORITY	设置软件定时器服务/进程的优先级
configTIMER_QUEUE_LENGTH	设置软件定时器命令队列长度
configTIMER_TASK_STACK_DEPTH	设置软件定时器服务/进程堆栈深度
configKERNEL_INTERRUPT_PRIORITY configMAX_SYSCALL_INTERRUPT_PRIORITY	内核中断优先级和系统调用中断优先级
configASSERT	辅助代码查错
INCLUDE_vTaskPrioritySet	允许设置/改变任务优先级功能
INCLUDE_uxTaskPriorityGet	允许获取任务优先级功能
INCLUDE_vTaskDelete	允许任务删除功能
INCLUDE_vTaskCleanUpResources	允许清理任务资源功能

参 数	说 明
INCLUDE_vTaskSuspend	允许暂停任务功能
INCLUDE_vResumeFromISR	允许在 ISR 中使用继续任务功能
INCLUDE_vTaskDelayUntil	允许任务周期延时功能
INCLUDE_vTaskDelay	允许任务延时功能
INCLUDE_xTaskGetSchedulerState	允许获取调度器状态功能
INCLUDE_xTaskGetCurrentTaskHandle	允许获取当前任务功能
INCLUDE_uxTaskGetStackHighWaterMark	允许获取堆栈深度功能
INCLUDE_xTaskGetIdleTaskHandle	允许获取空闲任务功能
INCLUDE_xTimerGetTimerDaemonTaskHandle	允许获取定时器任务功能
INCLUDE_pcTaskGetTaskName	允许获取任务名功能

在不清楚怎样配置一个参数时,特别是设置一个具体的数值时,可以参考 FreeRTOS 例程中提供对应处理器例程中 FreeRTOSConfig.h 的数值,它往往是推荐值。

4. FreeRTOS 的资源需求

任何 RTOS 都需要占用一定的系统资源,FreeRTOS 也不例外。不同的 RTOS 因为内核的调度方式不同以及功能的不同,占用的系统资源也是不一样的。功能少 的 RTOS 占用系统资源少,功能复杂的 RTOS 占用系统资源多。FreeRTOS 是一个 可裁减的 RTOS,使用的功能模块越多,需要的系统资源也越多。在 AVR 单片机平 台上使用 FreeRTOS 时,最少需要占用了如下系统资源:

➤ 硬件定时器 1。

➤ 最低需要使用 5 KB 左右的程序空间以及 1.5 KB 的 SRAM。

对于大部分低端的 AVR 单片机,因为 Flash 空间和 SRAM 的不足,无法使用 FreeRTOS,因此 FreeRTOS 只能运行在资源比较丰富的中高端 AVR 单片机上。

5. 基本 API 函数

FreeRTOS 的功能很强,所以 API 函数也很多。按照功能分类,它分为下面几种:

➤ 基本任务;

➤ 任务控制;

➤ 任务相关工具;

➤ 内核控制;

➤ 队列;

➤ 信号和互斥;

➤ 软件定时器;

➤ 协程。

表2-3介绍了几个主要的 API 函数,更多的可以参考 FreeRTOS 的文档和网络资源。如果有使用其他 RTOS 的经验,则可以发现其实 FreeRTOS 中的很多 API 函数和其他 RTOS 是类似的。

表2-3　主要 API 函数及说明

函数名	功　能
xTaskCreate	创建任务
xTaskDelete	删除任务
vTaskStartScheduler	启动 FreeRTOS 调度器
vTaskEndScheduler()	停止 FreeRTOS 调度器
vTaskDelay	任务延时(阻塞)
vTaskDelayUntil	任务周期延时
vTaskPrioritySet	设置/改变任务优先级
vTaskSuspend	暂停任务
vTaskResume	恢复任务
xTaskResumeFromISR	从 ISR 中恢复任务
xQueueCreate	创建队列
xQueueDelete	删除队列
xQueueReset	队列复位
xQueueSend	发送数据
xQueueReceive	接收数据
xTimerCreate	创建软件定时器
xTimerDelete	删除软件定时器
xTimerStart	启动定时器
xTimerStop	停止定时器
xTimerReset	定时器复位
xTimerChangePeriod	改变定时器周期
xTimerStartFromISR	在 ISR 中启动定时器
XtimerStopFromISR	在 ISR 中停止定时器
vSemaphoreCreateBinary	创建二进制信号量
xSemaphoreCreateMutex	创建互斥信号量
xSemaphoreCreateCounting	创建计数器信号量
vSemaphoreDelete	删除一个信号量
xSemaphoreTake	获取信号量
xSemaphoreGive	释放信号量

6. 任务函数

在 FreeRTOS 中,用户任务函数的形式和其他 RTOS 是类似的。通常一个任务函数是由一个死循环组成,用户主要代码放在循环中,通过事件或信号进行触发,然后执行特定的功能。一个基本的任务函数结构如下:

```
void vTask1( void * pvParameters )
{
  for( ;; )
  {
    //用户代码
  }
}
```

和其他 RTOS 中的任务函数一样,FreeRTOS 的任务函数永远不应当返回。

2.11.4　参考例程

下面通过两个简单的例子介绍 FreeRTOS 的使用。虽然这两个例子很简单,但是已经可以说明 FreeRTOS 的基本使用方法和步骤。更多 API 函数的使用和更多的应用技巧,可以通过仔细研究 FreeRTOS 的官方文档、参考例程和源代码来学习了。

1. 参考例程 1: 创建任务和延时

这是一个使用 FreeRTOS 的基本例子。在这个例子中首先使用 xTaskCreate 创建了两个任务,每个任务中以不同的频率翻转 LED,最后调用函数 vTaskStartScheduler 启动调度器。

为了更简洁说明 FreeRTOS 的基本用法,这里只使用了很少的功能——创建任务和启动任务调度函数,但是这已经可以清楚说明 FreeRTOS 的用法,如 FreeRTOS 的项目组成、文件结构、参数设置等。读者在此基础上可以增加更多更复杂的功能,如信号、互斥、软件定时器等。使用 RTOS 时,重要的不是掌握某个特殊的 API 函数或功能,而是理解 RTOS 的原理、RTOS 的使用方法、使用 RTOS 时用户软件的设计思路、不同 RTOS 的共性和差异等,这样才能真正掌握 RTOS,明白一个 RTOS 的优缺点以及适应范围。

```
/*
  2 个任务的使用

  * 使用 xTaskCreate 创建 2 个任务
  * vTaskStartScheduler 启动调度器
  * 在任务中使用 vTaskDelay 进行延时
```

```
* /
# include < avr/io.h >
# include "FreeRTOS.h"
# include "task.h"
# include "cfg.h"
# include "macromcu.h"
void vTask1( void * pvParameters )
{
  const portTickType xDelay = 500 / portTICK_RATE_MS;
  for( ;; )
  {
    vTaskDelay( xDelay );
    PININV(LED1);
  }
}
void vTask2( void * pvParameters )
{
  const portTickType xDelay = 660 / portTICK_RATE_MS;
  for( ;; )
  {
    vTaskDelay( xDelay );
    PININV(LED2);
  }
}
int main()
{
  //初始化 IO
  PINDIR(LED1, PIN_OUTPUT);
  PINDIR(LED2, PIN_OUTPUT);
  //创建任务
  xTaskCreate( vTask1, "TASK1", configMINIMAL_STACK_SIZE, NULL, 2, NULL );
  xTaskCreate( vTask2, "TASK2", configMINIMAL_STACK_SIZE, NULL, 2, NULL );
  //启动 RTOS 调度器
  vTaskStartScheduler();
  while(1);
  return 0;
}
```

该任务使用 API 函数 vTaskDelay 进行延时。因为 vTaskDelay 的参数是按照系统节拍计算的,所以需要先根据系统时钟频率进行换算,这样才能转换为具体的延时时间。

对应的 proteus 仿真原理图如图 2 - 17 所示,可以在 proteus 软件中观察 FreeR-

TOS 的运行情况,也可以通过设置断点查看任务运行时间。

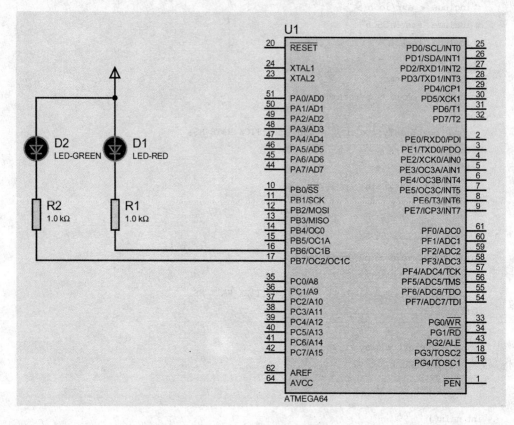

图 2 - 17 例程 1 的仿真图

2. 参考例程 2:软件定时器

这个例程简单介绍软件定时器的使用方法。首先使用函数 xTimerCreate 创建软件定时器,这时需要在函数的参数中指定定时器周期时间和回调函数(定时器事件),最后调用函数 xTimerStart 启动定时器。这个例子使用和例程 1 相同的硬件配置,所以就不再重复了。

```
/ *
xTimerCreate 的使用

* 使用 xTimerCreate  创建软件定时器,并指定回调函数
* 使用 xTimerStart  启动定时器
* 启动调度器
* 在回调函数中进行处理

* /
# include < avr/io. h >
```

```
# include "FreeRTOS.h"
# include "timers.h"
# include "task.h"
# include "cfg.h"
# include "macromcu.h"
//定时器变量
xTimerHandle xTmr;
//定义回调函数
long cnt;
void vTimerCallback( xTimerHandle pxTimer )
{
  PININV(LED);
  cnt++;
}
int main()
{
  //初始化 IO
  PINDIR(LED, PIN_OUTPUT);
  //创建定时器
  xTmr = xTimerCreate("Timer", 500 / portTICK_RATE_MS, pdTRUE, 1, vTimerCallback);
  //启动定时器
  xTimerStart(xTmr, 0);
  vTaskStartScheduler();
  while(1);
  return 0;
}
```

3. 参考例程 3：队列

这个例程演示了队列的基本使用方法。首先使用 xQueueCreate 函数创建队列，然后在任务 1 中使用函数 xQueueSend 发送队列，而在任务 2 中使用 xQueueReceive 函数接收队列。

```
/*
队列的使用

  *  使用 xQueueCreate  创建队列
  *  使用 xQueueSend  发送消息
  *  使用 xQueueReceive  接收消息

*/
# include "FreeRTOS.h"
# include "queue.h"
# include "task.h"
# include "cfg.h"
# include "macromcu.h"
// 定义消息
```

```
struct AMessage
{
    portCHAR ucMessageID;
    portCHAR ucData[ 20 ];
} xMessage;
xQueueHandle xQueue;
// 任务 1
void vTask1( void * pvParameters )
{
    const portTickType xDelay = 500 / portTICK_RATE_MS;
    struct AMessage * pxMessage;
    // 创建消息
    xQueue = xQueueCreate( 5, sizeof( struct AMessage * ) );
    for( ;; )
    {
        vTaskDelay( xDelay );
        PININV(LED1);
        if( xQueue != 0 )
        {
            // 发送消息到队列
            pxMessage = & xMessage;
            xQueueSend( xQueue, ( void * ) &pxMessage, ( portTickType ) 0 );
        }
    }
}
// 任务 2
void vTask2( void * pvParameters )
{
    struct AMessage * pxRxedMessage;
    for( ;; )
    {
        // 切换任务
taskYIELD();
        if( xQueue != 0 )
        {
            // 接收到消息
            if( xQueueReceive( xQueue, &( pxRxedMessage ), ( portTickType ) 10 ) )
            {
                PININV(LED2);
            }
        }
    }
}
int main()
{
    //初始化 IO
    PINDIR(LED1, PIN_OUTPUT);
```

```
    PINDIR(LED2, PIN_OUTPUT);
    //创建任务
    xTaskCreate( vTask1, "TASK1", configMINIMAL_STACK_SIZE, NULL, 2, NULL );
    xTaskCreate( vTask2, "TASK2", configMINIMAL_STACK_SIZE, NULL, 2, NULL );
    //启动调度器
    vTaskStartScheduler();
    while(1);
    return 0;
}
```

4. 参考例程 4:互斥

这个例程演示了互斥信号的使用方法。仿真图如图 2 - 18 所示。首先使用 xSemaphoreCreateMutex 创建互斥信号。然后在任务中先使用 xSemaphoreTake 获取互斥信号,任务完成后使用 xSemaphoreGive 归还互斥信号。在任务 1 中,如果互斥信号没有被使用,D1 将每 500 ms 翻转一次。任务 2 检查按键状态,如果按键被按下,则设置互斥信号,直到按键被释放。所以在按键按下的期间,D1 将不翻转。

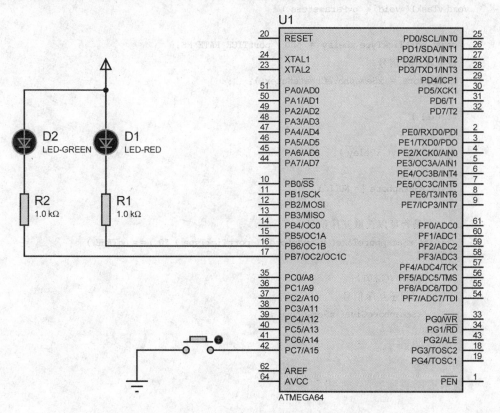

图 2 - 18　例程 4 的仿真图

```
/ *
  demo6：使用互斥

  * 使用 xSemaphoreCreateMutex  创建互斥信号
  * 使用 xSemaphoreTake  获取互斥信号
  * 使用 xSemaphoreGive  归还互斥信号

* /
# include "FreeRTOS. h"
# include "queue. h"
# include "semphr. h"
# include "task. h"
# include "cfg. h"
# include "macromcu. h"
//互斥信号
xSemaphoreHandle xSemaphore = NULL;
void vTask1( void * pvParameters )
{
  const portTickType xDelay = 500 / portTICK_RATE_MS;
  //创建互斥信号
  xSemaphore = xSemaphoreCreateMutex();

  for( ;; )
  {
    vTaskDelay( xDelay );

    if( xSemaphore != NULL )
    {
      //是否可以获取互斥信号
      if( xSemaphoreTake( xSemaphore, ( portTickType ) 10 ) == pdTRUE )
      {
        PININV(LED1);
        //归还互斥信号
        xSemaphoreGive( xSemaphore );
      }

    }
  }
}
void vTask2( void * pvParameters )
{
  for( ;; )
```

```
{
    taskYIELD();
    if(PININ(BUTTON) == 0)
    {
        if( xSemaphore != NULL )
        {
            //获取互斥信号
            if( xSemaphoreTake( xSemaphore, ( portTickType ) 10 ) == pdTRUE )
            {
                PINCLR(LED2);
                while(PININ(BUTTON) == 0)
                {
                    taskYIELD();
                }
                PINSET(LED2);
                //归还互斥信号
                xSemaphoreGive( xSemaphore );
            }
        }
    }
}
int main()
{
    // 初始化 IO
    PINDIR(LED1, PIN_OUTPUT);
    PINDIR(LED2, PIN_OUTPUT);
    PINSET(LED2);
    PINDIR(BUTTON, PIN_INPUT);
    PINSET(BUTTON);
    // 创建任务
    xTaskCreate( vTask1, "TASK1", configMINIMAL_STACK_SIZE, NULL, 2, NULL );
    xTaskCreate( vTask2, "TASK2", configMINIMAL_STACK_SIZE, NULL, 2, NULL );
    // 启动任务调度器
    vTaskStartScheduler();
    while(1);
    return 0;
}
```

5.　参考例程 5：二进制信号

二进制信号是 FreeRTOS 的一种特殊队列,长度是 1,数据大小是 0。二进制型号只有 1 和 0 两种状态，所以它不需要使用数据，只需要利用队是满或空两种状态就可以表示二进制型号了。

二进制信号和互斥相似但有所不同：互斥包括了优先级继承机制，二进制信号则不包括，这使得二进制信号更适合于执行同步（在任务之间或任务和中断之间），而互斥更适合实现简单互斥。二进制信号一旦获取后不需要交还，所以任务同步可以这样实现：一个任务/中断持续"给出"信号，而另一个不断"获取"信号；它在 xSemaphoreGiveFromISR() 的演示代码展现出来。

这个例子的参考原理图和参考例程 4 相同。在按下按键时，任务 1 发出信号；任务 2 接收到信号后，翻转 LED。参考代码如下：

```
/*
    二进制信号的使用

    * 使用 vSemaphoreCreateBinary  创建二进制信号
    * 任务 1 定时给出信号
    * 任务 2 接收信号

*/
# include "FreeRTOS. h"
# include "semphr. h"
# include "task. h"
# include "cfg. h"
# include "macromcu. h"
# define LONG_TIME 0xffff
xSemaphoreHandle xSemaphore;
void vTask1( void * pvParameters )
{
    const portTickType xDelay = 500 / portTICK_RATE_MS;
    // 创建信号
    vSemaphoreCreateBinary( xSemaphore );
    for( ;; )
    {
        vTaskDelay( xDelay );
        PININV(LED1);
        //BUTTON 按下时，发出信号
        if(( xSemaphore != NULL ) && (PININ(BUTTON) == 0))
        {
            xSemaphoreGive( xSemaphore );
        }
    }
}
void vTask2( void * pvParameters )
```

```
{
    for( ;; )
    {
        //收到信号后 LED2 闪
        if( xSemaphoreTake( xSemaphore, LONG_TIME ) == pdTRUE )
        {
            PININV(LED2);
        }
        taskYIELD();
    }
}
int main()
{
    //IO 初始化
    PINDIR(LED1, PIN_OUTPUT);
    PINDIR(LED2, PIN_OUTPUT);
    PINSET(LED2);
    PINDIR(BUTTON, PIN_INPUT);
    PINSET(BUTTON);
    //创建任务
    xTaskCreate( vTask1, "TASK1", configMINIMAL_STACK_SIZE, NULL, 1, NULL );
    xTaskCreate( vTask2, "TASK2", configMINIMAL_STACK_SIZE, NULL, 1, NULL );
    //启动任务调度器
    vTaskStartScheduler();
    while(1);
    return 0;
}
```

专题三

通信接口的使用技巧

3.1 USI 接口的使用

很多 AVR 单片机都带有硬件 I²C 接口（因为版权问题现在往往叫 TWI 接口，TWO Wire Serial Interface，两线串行接口），但是在一些低端的 AVR 单片机上没有 I²C 接口，却有一个 USI 接口（Universal Serial Interface，通用串行接口）。USI 接口有 3 种用法，可以作为 UART、I²C 或者 SPI 接口使用；对于具有 I²C 接口的 AVR 单片机，USI 也可以作为第二 I²C 接口或者第二 SPI 接口使用。

USI 接口不是通用接口，不是每个型号的 AVR 都有这个接口，往往只有在一些低端 AVR 单片机上才有，所以相关说明文档也比较少，参考资料也不容易找。下面将详细介绍它的主要使用方法，并给出参考例程。

3.1.1 USI 的硬件结构

USI 的硬件结构框图如图 3-1 所示。可以看出，USI 接口包括了 3 个 IO：DO、DI/SDA、USCK/SCL。当 USI 作为 I²C 接口时，只使用 DI/SDA 和 USCK/SCL 两个引脚，DO 可以作为通用 IO；当 USI 作为 SPI 接口时，需要使用 DO、DI/SDA、USCK/SCL；当 USI 作为半双工 UART 接口时，只使用 DO、DI/SDA 两个引脚。

作为 I²C 接口时，DI/SDA 连接外部的 SDA，USCK/SCL 连接外部的 SCL，可以使用内部弱上拉或外部的上拉电阻，如图 3-2 所示。

作为 SPI 接口方式时，与标准的 SPI 接口略有不同。标准 SPI 接口使用 MOSI、MISO 和 SCK 这 3 个信号线（不算片选信号 SS），无论主机模式或者从机模式下，不同芯片都是 MOSI 连接 MOSI，MISO 连接 MISO，SCK 连接 SCK。而在使用 USI 接口时，DO 总是数据输出，DI 是数据输入，USCK 是时钟，所以在主 SPI 模式下，DO 相当于 MOSI，DI 相当于 MISO；在从 SPI 模式下，DO 相当于 MISO，DI 相当于 MOSI，如图 3 - 3 所示。

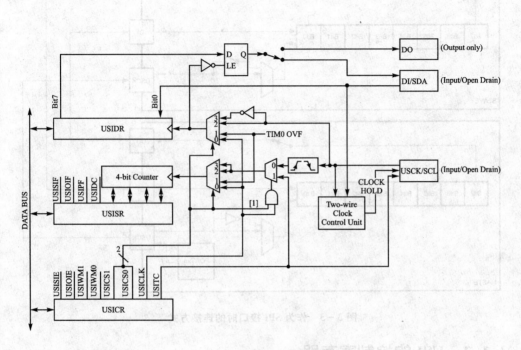

图 3 - 1　USI 的硬件结构框图

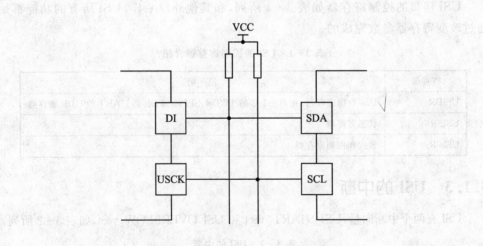

图 3 - 2　作为 I²C 接口时的连接方式

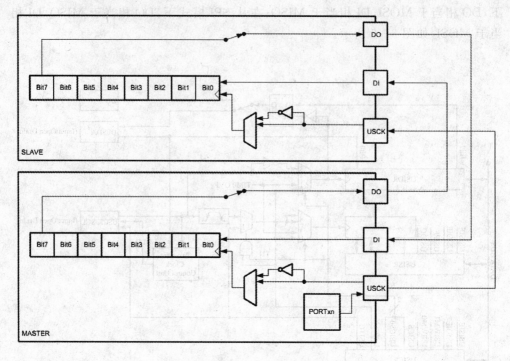

图 3-3　作为 SPI 接口时的连接方式

3.1.2　USI 的控制寄存器

USI 接口的控制寄存器如表 3-1 所列,和其他外设一样,USI 所有的功能都是通过改变寄存器参数完成的。

表 3-1　USI 的控制寄存器介绍

寄存器	说　明
USIDR	USI 数据寄存器,相当于 I²C 的 TWDR、SPI 的 SPDR 和 UART 的 UDR 寄存器
USISR	状态寄存器
USICR	模式和控制寄存器

3.1.3　USI 的中断

USI 有两个中断向量:USI_START_vect 和 USI_OVERFLOW_vect,如表 3-2 所列。

表 3-2　USI 的中断

中断向量	说　明
USI_START_vect	起始位检测中断,用于 I²C 模式下
USI_OVERFLOW_vect	时钟溢出,用于数据发送或读取

3.1.4　使用 USI 作为主 I²C 接口

在一些应用中我们会将 USI 接口作为主 I²C 方式使用，这时，在软件上比标准的 I²C 接口稍微复杂一点，但是比使用 IO 口模拟的 I²C 稳定可靠、速度快、占用 CPU 时间少。下面就详细介绍使用 USI 作为主 I²C 接口的用法。

1. 基本子函数

作为主 I²C 接口时需要先定义一些宏和基本函数，它们将在内部函数或者后面的程序中使用到。

(1) 预定义的宏

这些宏主要用于设置 USI 寄存器的状态。

```
// Prepare register value to: Clear flags, and
// set USI to shift 8 bits i.e. count 16 clock edges.
#define tempUSISR_8bit    (1≪USISIF)|(1≪USIOIF)|(1≪USIPF)|(1≪USIDC)|(0x0≪USICNT0)

// Prepare register value to: Clear flags, and
// set USI to shift 1 bit i.e. count 2 clock edges.
#define tempUSISR_1bit    (1≪USISIF)|(1≪USIOIF)|(1≪USIPF)|(1≪USIDC)|(0xE≪USICNT0)
#define TWI_READ_BIT    0        // Bit position for R/W bit in "address byte"
#define TWI_ADR_BITS    1        // Bit position for LSB of the slave address bits in the
                                 // init byte
#define TWI_NACK_BIT    0        // Bit position for (N)ACK bit
```

(2) 初始化

通过设置 IO 的状态和 USI 寄存器的模式实现 I²C 接口的初始化。因为是使用 USI 模拟的 I²C 接口，所以 SCL 和 SDA 的方向和状态不是 MCU 自动完成的，需要用户自己设置。后面的读写函数中也是这样。

```
void I²C_init()
{
  PINSET(SDA);               // Enable pullup on SDA, to set high as released state
  PINSET(SCL);               // Enable pullup on SCL, to set high as released state
  PINDIR(SDA, PIN_OUTPUT);   // Enable SDA as output
  PINDIR(SCL, PIN_OUTPUT);   // Enable SCL as output
  USIDR = 0xFF;              // Preload dataregister with "released level" data
  USICR = (0≪USISIE)|(0≪USIOIE)|            // Disable Interrupts
          (1≪USIWM1)|(0≪USIWM0)|            // Set USI in Two-wire mode
          (1≪USICS1)|(0≪USICS0)|(1≪USICLK)| // Software stobe as counter clock source
          (0≪USITC);
  USISR = (1≪USISIF)|(1≪USIOIF)|(1≪USIPF)|(1≪USIDC)|   // Clear flags
```

```
                    (0x0<<USICNT0);                          // and reset counter
}
```

(3) 基本数据传输函数

这个函数实现了 USI 接口的数据传输，是一个内部函数，用于 I²C 的读写函数中。

```
unsigned char USI_TWI_Master_Transfer(unsigned char temp)
{
    USISR = temp;
    temp  =  (0<<USISIE)|(0<<USIOIE)|               // Interrupts disabled
             (1<<USIWM1)|(0<<USIWM0)|               // Set USI in Two-wire mode
             (1<<USICS1)|(0<<USICS0)|(1<<USICLK)|   // Software clock strobe as source
             (1<<USITC);                            // Toggle Clock Port
    do
    {
      _delay_us(5);
      USICR = temp;                                 // Generate positve SCL edge
      while(!PININ(SCL));                           // Wait for SCL to go high
      _delay_us(5);
      USICR = temp;                                 // Generate negative SCL edge
    }while( !(USISR & (1<<USIOIF)) );               // Check for transfer complete

    _delay_us(5);
    temp   = USIDR;                                 // Read out data
    USIDR = 0xFF;                                   // Release SDA
    PINDIR(SDA, PIN_OUTPUT);                        // Enable SDA as output
    return temp;                                    // Return the data from the USIDR
}
```

(4) 写数据

向 I²C 总线上写入一个数据：

```
unsigned char I²C_Master_WriteByte(unsigned char dat)
{
    PINCLR(SCL);                                    // Pull SCL LOW
    USIDR = dat;                                    // Setup data
    USI_TWI_Master_Transfer( tempUSISR_8bit );     // Send 8 bits on bus
    /* Clock and verify (N)ACK from slave */
    PINDIR(SDA, PIN_INPUT);                         // Enable SDA as input
    if( USI_TWI_Master_Transfer( tempUSISR_1bit ) & (1<<TWI_NACK_BIT) )
      return 1;
    else
```

```
  return 0;
}
```

(5) 读数据

从 I²C 总线上读取一个数据：

```
unsigned char I2C_Master_ReadByte()
{
  PINDIR(SDA, PIN_INPUT);
  return USI_TWI_Master_Transfer(tempUSISR_8bit);
}
```

(6) 发送 ACK/NAK 状态

向 I²C 总线上发送 ACK/NAK 状态：

```
void I2C_Master_ACK(char ack)
{
  if(ack == I2C_ACK)
  {
    USIDR = 0x00;
  }
  else
  {
    USIDR = 0xFF;
  }
  USI_TWI_Master_Transfer( tempUSISR_1bit );    // Generate ACK/NACK
}
```

(7) 发送 I²C 起始

向 I²C 总线上发送起始信号：

```
void I²C_start()
{
  PINSET(SCL);           // Release SCL
  while(! PININ(SCL));   // Verify that SCL becomes high
  _delay_us(5);
  PINCLR(SDA);           // Force SDA LOW
  _delay_us(5);
  PINCLR(SCL);           // Pull SCL LOW
  PINSET(SDA);           // Release SDA
}
```

(8) 发送 I²C 停止

向 I²C 总线上发送停止信号：

```
void I²C_stop()
{
  PINCLR(SDA);              // Pull SDA low
  PINSET(SCL);              // Release SCL
  while(! PININ(SCL));      // Wait for SCL to go high
  _delay_us(5);
  PINSET(SDA);              // Release SDA
  _delay_us(5);
}
```

2. 参考例程

上面是 USI 作主 I²C 接口的基本函数,使用它们就可以与其他从 I²C 设备通信。通信的过程和使用标准 I²C 接口没有太大区别,下面的例子演示了这些函数的基本使用方法。例子使用了 AVR Butterfly 作为基本硬件平台,访问 25AA010 芯片(I²C 接口的 EEPROM)中的内容。当按下 AVR Butterfly 的五维键的左键时将读取 EEPROM 的内容,按下中间键(确认键)则产生一个随机数,而按下右键时则将当前数值写入到 EEPROM。为了验证写入数据是否正确,可以在写入数据后再按下中间键产生随机数,然后按下左键读取 EEPROM 的数据进行对比。在 I²C Debugger 中,可以观察到 I²C 读写的时序和参数。

例程的 proteus 仿真原理图如图 3-4 所示,部分参考代码如下(完整代码在光盘中):

```
unsigned char ReadByte()
{
  unsigned char t;
  I2C_start();
  I2C_Master_WriteByte(0xA0);
  I2C_Master_WriteByte(0x00);
  I2C_start();
  I2C_Master_WriteByte(0xA1);
  t = I2C_Master_ReadByte();
  I2C_Master_ACK(I2C_NAK);
  I2C_stop();
  return t;
}
void WriteByte(unsigned char dat)
{
  I2C_start();
  I2C_Master_WriteByte(0xA0);
  I2C_Master_WriteByte(0x00);
  I2C_Master_WriteByte(dat);
  I2C_stop();
}
```

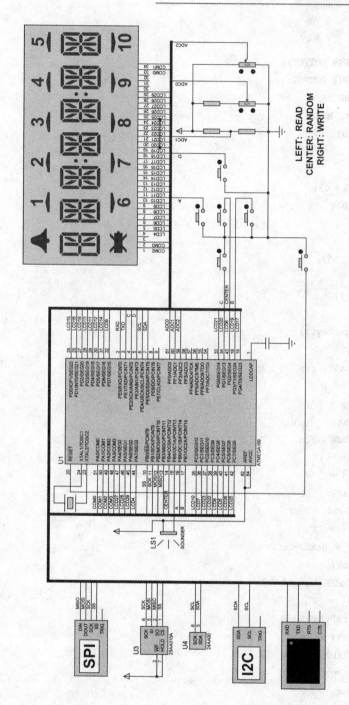

图 3-4 例程的仿真原理图

```
int main()
{
  PINDIR(SCL, PIN_OUTPUT);
  PINDIR(SDA, PIN_OUTPUT);
  PORTB | = PINB_MASK;
  PORTE | = PINE_MASK;
  I2C_init(0, 0);
  LCD_Init();
  sei();
  hexbuf(dat, s + 4);
  LCD_puts(s, 0);
  while(1)
  {
    _delay_ms(200);
    cnt + + ;
    if(getkey())
    {
      switch(getkey())
      {
        case 0x40://up
          dat + + ;
          s[0] = ' ';
          break;
        case 0x80://dn
          dat - - ;
          s[0] = ' ';
          break;
        case 0x04://left
          s[0] = 'R';
          dat = ReadByte();
          break;
        case 0x08://right
          s[0] = 'W';
          WriteByte(dat);
          break;
        case 0x10://enter
          dat = cnt;
          break;
      }
      hexbuf(dat, s + 4);      // 格式化显示内容
      LCD_puts(s, 0);          // 将数据显示到 LCD 上
    }
```

```
    }
    return 0;
}
```

　　USI 接口还可以作为从 I²C 接口,使用方法和这里介绍的主 I²C 接口的用法类似,这里就不多说了,读者可以自行研究。

3.1.5　使用 USI 作为主 SPI 接口

　　SPI 接口比 I²C 接口简单,所以使用 USI 作 SPI 接口时同样也简单一些。

1. 基本子函数

　　使用 USI 作为主 SPI 接口的用法和硬件 SPI 接口的用法类似,基本函数同样有两个,一个是初始化,另外一个是数据传输。

```
// 初始化
void SPI_init()
{
    PINSET(SS);
    USIDR = 0;
    USISR = (1<<USIOIF);
    USICR = (1<<USIWM0)|(1<<USICLK)|(1<<USICLK);
}
// 数据传输
unsigned char SPI_WR(unsigned char dat)
{
    unsigned char i;
    USIDR = dat;
    for(i = 0; i < 8; i++)
    {
        USICR = (1<<USIWM0)|(1<<USITC);
        USICR = (1<<USIWM0)|(1<<USITC)|(1<<USICLK);
    }
    return USIDR;
}
```

2. 参考例程

　　使用上面两个基本函数就可以实现 SPI 的控制功能,下面例子展示了它的用法。图 3-5 是 Proteus 中的仿真原理图,和上面的例子类似,只是将 USI 接口连接到了 SPI 接口的 EEPROM 芯片 25AA010 上,通过 USI 读取/写入数据。上下键可以改变数据,左键读取数据,右键写入数据。SPI 总线上数据的传输过程同样可以在 SPI Debugger 中观察。

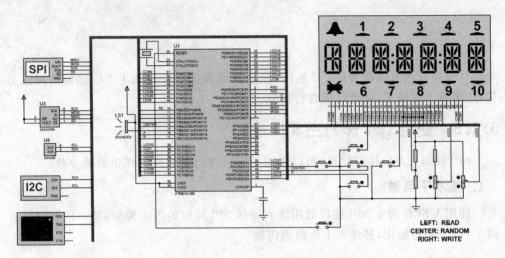

图 3 - 5 SPI 控制功能例程仿真原理图

```c
# include < avr/io. h >
# include < avr/interrupt. h >
# include < avr/pgmspace. h >
# include < inttypes. h >
# include < stdio. h >
# define F_CPU 1000000UL
# include < util/delay. h >
# include "LCD_functions. h"
# include "LCD_driver. h"
# include "macromcu. h"
# define SS    B, 0
# define SCK   E, 4
# define MOSI E, 6
# define MISO E, 5
void SPI_init()
{
  PINSET(SS);
  USIDR = 0;
  USISR = (1≪USIOIF);
  USICR = (1≪USIWM0)|(1≪USICLK)|(1≪USICLK);
}
unsigned char SPI_WR(unsigned char dat)
{
  unsigned char i;
  USIDR = dat;
```

```
   for(i = 0; i < 8; i++)
   {
     USICR = (1<<USIWM0)|(1<<USITC);
     USICR = (1<<USIWM0)|(1<<USITC)|(1<<USICLK);
   }
   return USIDR;
}
#define PINB_MASK ((1<<PINB4)|(1<<PINB6)|(1<<PINB7))
#define PINE_MASK ((1<<PINE2)|(1<<PINE3))
unsigned char getkey()
{
   unsigned char t;
   t = (~PINB) & PINB_MASK;
   t |= (~PINE) & PINE_MASK;
   return t;
}
unsigned char dat = 0, cnt;
char s[] = "00";
unsigned char hexchr(unsigned char dat)
{
   if(dat > 15)
     return '0';
   if(dat < 10)
     return dat + '0';
   else
     return dat - 10 + 'A';
}
void hexbuf(unsigned char dat, char * buf)
{
   buf[0] = hexchr(dat/16);
   buf[1] = hexchr(dat%16);
}


unsigned char ReadByte()
{
   unsigned char t;
   PINCLR(SS);
   SPI_WR(0x03);  // read
   SPI_WR(0x00);  // address high
   SPI_WR(0x00);  //           low
   t = SPI_WR(0); // data
```

```
    PINSET(SS);
    return t;
}
void WriteByte(unsigned char dat)
{
    PINCLR(SS);
    SPI_WR(0x02);  // write
    SPI_WR(0x00);  // address high
    SPI_WR(0x00);  //          low
    SPI_WR(dat);   // data
    PINSET(SS);
}

void WREN(void)
{
    PINCLR(SS);
    SPI_WR(0x06);  // wren
    PINSET(SS);
}
int main()
{
    PINDIR(SS,   PIN_OUTPUT);
    PINDIR(SCK,  PIN_OUTPUT);
    PINDIR(MOSI, PIN_OUTPUT);
    PINDIR(MISO, PIN_OUTPUT);
    PORTB |= PINB_MASK;
    PORTE |= PINE_MASK;
    SPI_init(0, 0);
    LCD_Init();
    sei();
    hexbuf(dat, s + 4);
    LCD_puts(s, 0);
    while(1)
    {
        _delay_ms(200);
        cnt++;
        if(getkey())
        {
            switch(getkey())
            {
                case 0x40://up
                    dat++;
```

```
            s[0] = ' ';
            break;
        case 0x80: //dn
            dat − −;
            s[0] = ' ';
            break;
        case 0x04: //left
            s[0] = 'R';
            dat = ReadByte();
            break;
        case 0x08: //right
            s[0] = 'W';
            WREN();
            WriteByte(dat);
            break;
        case 0x10: //enter
            //dat = ReadStatus();
            //hexbuf(dat, s + 2);
            dat = cnt;
            break;
        }
        hexbuf(dat, s + 4);
        LCD_puts(s, 0);
    }
}
return 0;
}
```

3.2　使用 SPI 驱动数码管

3.2.1　原　理

　　7段或 8 段数码管是比较常用的一种显示器件,可以显示 0～9 数字和几个常用的英文字母。虽然它不能显示复杂的内容,但是具有成本低、接口简单、亮度高、响应速度快、寿命长等优点,所以在一些只需要显示数字的场合(如仪表、数字钟、温度计)得到广泛的应用。

　　常用的数码管驱动方法有动态扫描、静态驱动、译码驱动等。静态扫描和译码驱动法使用上很简单,但是需要专用驱动芯片,占用 IO 较多;动态扫描需要的元件少,但是软件开销较大,瞬时电流大,干扰大。

使用 SPI 接口驱动数码管则兼具上述几种方法的优点,同时避免了它们的缺点,具有电路简单、占用 IO 口少、成本低、可以任意扩展显示位数、软件开销小、干扰小等优点。硬件上只需要使用单片机的 SPI 接口(硬件 SPI 或者软件 SPI 都可以)和普通的门电路芯片 74HC164(串入并出),占用的系统资源非常少。无论需要控制多少个数码管,都只需要 3 个 IO(其中两个是 SPI 总线接口 MOSI/SCK,它们可以和其他SPI 器件复用)。特别在 IO 口紧张,或者数码管离单片机位置较远的时候(接口数据线很多会增加排板和安装的复杂程度),这个方法很实用。以共阳 8 段数码管为例,参考电路如图 3-6 所示。

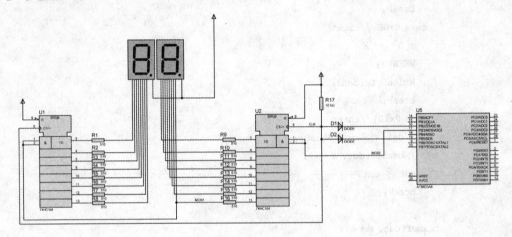

图 3-6 共阳 8 段数码管电路

每个数码管使用一个 74HC164(串行输入并行输出)控制显示。每个 74HC164的 CLK(时钟输入)引脚都连接到单片机 SPI 接口的时钟输出 SCK 上,第一个数码管的输入连接到 SPI 接口的 MOSI(主机输出从机输入)端口上,对于其他的数码管,前一个数码管的 Q7 输出作为后一个数码管的数据输入信号,这样就可以将所有的数码管级联起来。当 SPI 输出一个字节时(8 位),正好就可以更新一个数码管的数据,N 个数码管只需要顺序输出 N 个字节就完成了显示的更新。从这里也可以看出增加数码管的个数时,无论从硬件还是软件上来说都是很简单方便的事情。

因为 74HC164 没有使能端口,这样当 SPI 接口驱动其他芯片时就会对74HC164 产生干扰信号造成显示乱码。为了避免这个问题,可以在 74HC164 的时钟输入信号 CLK 上使用两个二极管做一个与门电路,再使用另外一个 IO 控制这个与门,就能作为数码管的驱动使能(相当于是一个片选信号)。这样只有在驱动使能信号是高电平时,74HC164 的 CLK 信号才会有效,否则 CLK 会一直是低电平,也就不会改变显示的内容。使用专用的与门电路(或单逻辑门电路芯片)也可以实现相同的效果,只是使用二极管成本更低一些。

如果希望能够控制数码管的显示亮度,则可以在数码管的公共端加一个 MOS管或三极管,然后使用 AVR 单片机的 PWM 功能控制 MOS 管或三极管的导通,这样只需要简单地改变 PWM 输出信号的占空比,就可以方便地控制数码管显示亮度了。

数码管驱动的子程序代码如下:

```
// count of 7SEG LED
#define SEG_CNT    2
// 7 SEG LED, common anode drive
//
//     0
//    ---
//  5| 6 |1
//    ---
//  4|   |2
//    ---  .7
//     3
//
const unsigned char LEDMASK[]  =
{                          //7654 3210   No
  0xC0,   // 0             1100 0000    0
  0xF9,   // 1             1111 1001    1
  0xA4,   // 2             1001 0100    2
  0xB0,   // 3             1011 0000    3
  0x99,   // 4             1001 1001    4
  0x92,   // 5             1001 0010    5
  0x82,   // 6             1000 0010    6
  0xF8,   // 7             1111 1000    7
  0x80,   // 8             1000 0000    8
  0x90,   // 9             1001 0000    9
  0x88,   // A             1000 1000    10
  0x83,   // b             1000 0011    11
  0xC6,   // C             1100 0110    12
  0xA1,   // d             1010 0001    13
  0x86,   // E             1000 0110    14
  0x8E,   // F             1000 1110    15
  0xC2,   // G             1100 0010    16
  0x89,   // H             1000 1001    17
  0x7F,   // .             0111 1111    18
  0xF1,   // J             1111 0001    19
  0xFF,   // blank         1111 1111    20
  0xC7,   // L             1100 0111    21
  0xBF,   // -             1011 1111    22
  0xF7,   // _             1111 0111    23
```

```
    0xA3,   // o          1010 0011   24
    0xA7,   // [          1010 0111   25
    0xE3,   // u          1110 0011   26
    0xB3,   // ]          1011 0011   27
    0xAB,   // n          1010 1011   28
    0xFF,
    0xFF,
    0xFF
};
void DISP7SEG(unsigned char * ledbuf)
{
    unsigned char i, t;
    // Enable update
    PORTB |= (1 << PB2);
    for(!= 0; i < SEG_CNT; i++)
    {
        t = LEDMASK[ledbuf[i] % 32];
        if(ledbuf[i] & 0x80)
            t &= 0x7F;
        SPI_RW(t);   //SPI 输出
    }
    // Disable update
    PORTB &= ~(1 << PB2);
}
```

为了适应不同数量的数码管,程序中使用宏 SEG_CNT 定义数码管的个数。如果需要动态改变显示更新的个数(比如移位显示,一次左移一个字符),则可以将 SEG_CNT 定义为变量。

数码管的字模与数码管 74HC164 的连接方式有关,需要根据实际情况制定,这里的字模是针对比较常用的一种连接方式制定的。

在需要刷新显示时,先将显示的数据放入缓冲区,然后调用函数 DISP7SEG 就可以完成显示更新。显示缓冲区内容的最高位代表闪烁,如果缓冲区中某个数据的最高位是 1,那么在显示时就会产生闪烁效果(显示内容是在每调用一次函数后更新,所以闪烁效果需要定时更新才能实现)。可以在定时中断中调用这个函数,自动刷新显示内容,因为这个函数执行速度很快,所以即使直接在中断里调用也不会对系统造成很多影响。

为了避免在更新数据时数码管出现闪烁感,SPI 总线的速度需要足够快,通常情况下总线速度需要大于 10 kHz,这样才不会有明显的闪烁感。具体速度与需要更新的位数有关,位数越多,传输的数据越多,SPI 总线的速度就需要越快。74HC164 的输入延时是 ns 级的,所以不用担心输入速度太高造成误码(如果 SPI 总线上的寄生电容太大,对信号波形会有一定的影响,这时总线速度太高可能会造成误码)。如果总线上存在低速的 SPI 器件,在更新数码管显示前,可以先将 SPI 的速度设置为高速,更新完后在切换回低速。

3.2.2 参考例程

使用上面子程序的简单例程如下:

```
/*
  mode: b7:      1 slave, 0 master
        b65432:  not use
        b10:     mode  CPOL  CPHA
                 3     1     1
                 2     1     0
                 1     0     1
                 0     0     0
  speed: b76543: not use
         b210:   speed  KHz
                 0      500    F/2
                 1      500    F/2
                 2      250    F/4
                 3      125    F/8
                 4      62.5   F/16
                 5      31.25  F/32
                 6      15.63  F/64
                 7      7.81   F/128
*/
void SPI_init(char mode, char speed)
{
  unsigned char bSPR, bSPI2X, bMODE;
  PINDIR(CS,  PIN_OUTPUT);
  PINDIR(SCK, PIN_OUTPUT);
  PINDIR(MOSI,PIN_OUTPUT);
  // SPI mode
  switch(mode % 4)
  {
    case 1://  mode 1
      bMODE = (0 << CPOL)|(1 << CPHA);
      break;
    case 2://  mode 2
      bMODE = (1 << CPOL)|(0 << CPHA);
```

```
        break;
    case 3;// mode 3
        bMODE = (1 << CPOL) | (1 << CPHA);
        break;
    default;// mode 0
        bMODE = (0 << CPOL) | (0 << CPHA);
        break;
}
// Master or Slave
if((mode & 0x80) == 0)
    bMODE | = (1 << MSTR);
// SPI speed
bSPI2X = 0;
switch(speed)
{
    case 7;// F/128 = 7.8125kHz
        bSPR = (1 << SPR1) | (1 << SPR0);
        break;
    case 6;// F/64 = 15.625kHz
        bSPR = (1 << SPR1) | (0 << SPR0);
        break;
    case 5;// F/32 = 31.25kHz
        bSPR = (1 << SPR1) | (0 << SPR0);
        bSPI2X = 1;
        break;
    case 4;// F/16 = 62.5kHz
        bSPR = (0 << SPR1) | (1 << SPR0);
        break;
    case 3;// F/8 = 125kHz
        bSPR = (0 << SPR1) | (1 << SPR0);
        bSPI2X = 1;
        break;
    case 2;// F/4 = 250kHz
        bSPR = (0 << SPR1) | (0 << SPR0);
        break;
    default;// F/2 = 500kHz
        bSPR = (0 << SPR1) | (0 << SPR0);
        bSPI2X = 1;
        break;
}
    SPCR = (1 << SPE) | bMODE | bSPR;
```

```
    SPSR = (bSPI2X ≪ SPI2X);
}
unsigned char SPI_RW(unsigned char dat)
{
    SPSR & = ～(1 ≪ SPIF);
    SPDR = dat;
    while((SPSR & (1 ≪ SPIF)) == 0);
    return SPDR;
}
void init()
{
    SPI_init(0, 0);
}
extern void DISP7SEG(unsigned char * ledbuf);
unsigned char LEDBUF[2];
unsigned char cnt;
int main()
{
    init();
    for(;;)
    {
        _delay_ms(500);
        cnt ++ ;
        LEDBUF[0] = cnt / 16;
        LEDBUF[1] = (cnt % 16)|0x80;
        DISP7SEG(LEDBUF);
    }
    return 0;
}
```

3.3　1 - Wire 的使用

　　常用的串行接口有 SPI、I²C、UART 和 1 - Wire 等。其中，SPI 是 3 线方式(片选信号不算)，除了时钟信号 SCK，还有数据发 MOSI 和数据收 MISO(在某些情况下，数据收发这两个信号线可以合为一个)；I²C 是两线方式，一个是时钟 SCL，另外一个是数据 SDA，利用 SDA 和 SCL 上的电平高低和方向的变化传递数据；UART 也是两线方式，但是没有时钟信号，只有一个数据发 TXD 和一个数据收 RXD；1 - Wire 最简单，只有一个数据线(很多时候它还可以同时作为电源线)，没有时钟信号。因为 SPI 和 I²C 都有独立的时钟信号，所以也称为同步串行总线；而 UART 和 1 -

Wire 没有时钟信号,需要通过严格的时序进行数据交换,所以也称为异步串行总线。

传统的计算机都有 RS232 接口,同时 UART 的编程非常简单,所以其使用最广泛,常用于设备之间的通信,而其他几种接口往往用于芯片之间通信。在这些常用的串行通信方式中,SPI 有独立的时钟、数据接收和发送,在物理层上使用的 IO 最多,但是它的时序简单,没有复杂的逻辑和时序要求,所以使用时也非常简单,数据传输速度也是最快的。UART 与 SPI 相比,只少了一个时钟信号(不算 SPI 的片选信号),使用上也比较简单。I^2C 虽然也是两线方式,但是一个是时钟信号线,一个是数据信号线,通过 SDA 和 SCL 的电平和方向变化传递数据,相比之下使用起来时序就复杂很多,所以编程上也相对比较麻烦,总线速度也慢一些,但是它支持总线竞争和多主机方式等特点。

和其他通信接口相比,1-Wire 的接口在物理层上最简单,只有一个数据线,用来传递数据和电源(也可以使用独立的电源)。但正是因为如此,它在软件层上也是最复杂的,需要通过复杂而严格的时序才能和芯片进行通信,因此 1-Wire 的通信速度也是最慢的;它的优点在于占用的 IO 少、传输距离远、一个总线上可以连接多个器件,此外每个芯片都有唯一的 64 位 ID 号。

绝大部分微控制器芯片都没有集成 1-Wrie 接口,所以在和 1-Wire 芯片通信时,一般使用专用的 1-Wire 接口芯片(如串口转 1-Wire 接口芯片 DS2480B),或者因为考虑成本使用 GPIO 进行模拟,或使用 UART 驱动 1-Wire。因为使用 GPIO 模拟最简单经济,占用系统硬件资源少,所以这也是使用最多的方法。下面就详细介绍使用 GPIO 模拟 1-Wire 的方法。

3.3.1 基本总线信号

1-Wire 总线只使用 1 个信号线传递数据,所以对时序的要求非常严格。1-Wire 通信的时序可以分为如下几个基本命令:写 1、写 0、读数据、复位和存在,所有复杂的通信都是由这些基本命令组合而成的。通信时主控制器需要控制到位级别,这意味着传送每一位时,不管通信的方向是什么,主控制器都要初始化位传送。最后通过将总线拉低来结束通信,同步总线上所有单元的定时器。

1. 写 1

主控端拉低总线 $1\sim15~\mu s$,然后在时隙的其余时间里释放总线。

2. 写 0

主控端拉低总线至少 $60\mu s$,最长 $120\mu s$。

3. 读数据

主控端拉低总线 $1\sim15\mu s$,如果从端发送 0 则保持总线低,发送 1 则简单地释放总线。总线拉低 $15\mu s$ 后进行采样。从主控端来看,"读取"和"写 1"基本一样,把它看成从设备的内部状态,而不是信号本身来指示它是"写1"还是"读取"。

4. 复位/存在

主控端拉低总线至少8个时隙,或者480 μs,然后释放总线,这个长周期的低电平称为"复位"。如果存在从设备,它就在主控端释放总线后的60 μs内拉低总线,并保持至少60 μs,这个响应称为"存在"。如果总线上没有"存在"响应,就认为总线上没有从设备,通信也就不可用。

图3-7显示了几种不同基本命令的时序。可以看出,每种基本命令的时序是很简单的。如果用软件产生1-Wire信号,只要改变IO端口的输入输出方向和电平,并产生合适的延时。因为AVRGCC中带有相当精确的延时函数_delay_us和_delay_ms,所以产生延时是很简单的事情。为了保证1-Wire总线的正确时序,在数据位传送时必须禁止中断,避免因为中断改变了延时的时间。而发送两位之间的延时没有上限,所以在每位发送之后再允许中断是安全的。这样在最差的情况下,中断延迟是执行"复位/存在"命令的时间480 μs,小于1 ms,对于大多数应用没有影响。位传输层延时时间列表如表3-3所列。

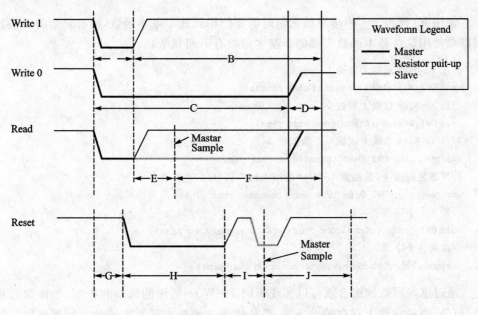

图3-7　几种不同基本命令的时序

表 3 - 3　位传输层延时时间列表

参　数	标准模式/μs	超速模式/μs
A	6	1.0
B	64	7.5
C	60	7.5
D	10	2.5
E	9	1.0
F	55	7
G	0	2.5
H	480	70
I	70	8.5
J	410	40

3.3.2　基本函数

使用 IO 模拟 1 - Wire 总线通信时需要使用到几个基本函数,所有复杂的通信控制都是使用这些基本函数实现的。基本函数有下面几个:

```
//往 1 - Wire 总线上发送 1
void OWI_WriteBit1(unsigned char pins);
//往 1 - Wire 总线上发送 0
void OWI_WriteBit0(unsigned char pins);
//从 1 - Wire 总线上读取一个数据位
unsigned char OWI_ReadBit(unsigned char pins);
//发送复位指令,并检测 1 - Wire 总线上回应信号(芯片存在)
unsigned char OWI_DetectPresence(unsigned char pins);
//发送一个字节
void OWI_SendByte(unsigned char data, unsigned char pins);
//读取一个字节
unsigned char OWI_ReceiveByte(unsigned char pin);
```

通过这些函数的组合就可以实现不同 1 - Wire 器件的读取和控制,如读取芯片的 ID 号、查找总线上存在的设备等,都是使用这些基本函数实现的。这些函数是从 AVR318 的 IAR 例程移植而来,并针对 AVRGCC 做了一定优化。它可以使用任意 IO(IO 需要支持输出和输出功能,所以不能使用只支持输入或只支持输出的 IO)模拟 1 - Wire 通信,可以将一个端口上的任何一个 IO 连接到一个或多个 1 - Wire 器件上,也可以连接多个 1 - Wire 器件到不同的 IO 上,但是这些 IO 必须在同一个端口下,也就是说,最多可以使用 8 个 IO 连接到 1 - Wire 器件。1 - Wire 总线既然可以支持多个设备工作,为什么这里还要使用多个 IO 呢?使用多个 IO 的好处是在一些应用中可以一个 IO 连接一个 1 - Wire 设备,从而省略复杂而费时间的搜索总线和读取 ID 号过程。支持多个 IO 对于程序来说也不会多占用 Flash 空间。一般情况下 8 个 IO 是足够使用的,大部分情况下这一点限制是没有什么影响的;特殊情况下需要使用更多的 IO,相信看过下面的代码也非常容易进行扩展。

在使用这些函数前,需要先定义使用的端口 OWI_PORT 以及引脚序号等参数,此外还要定义系统时钟频率,因为延时函数需要使用到它。为了使延时的精度足够高,所以尽量使用外部晶体作为时钟源,或者对内部 RC 振荡器作为校正。下面列出主要函数,完整的代码请参考随书光盘例程。

```c
#define      OWI_DELAY_A_STD_MODE      6
#define      OWI_DELAY_B_STD_MODE      64
#define      OWI_DELAY_C_STD_MODE      60
#define      OWI_DELAY_D_STD_MODE      10
#define      OWI_DELAY_E_STD_MODE      9
#define      OWI_DELAY_F_STD_MODE      55
#define      OWI_DELAY_G_STD_MODE      0
#define      OWI_DELAY_H_STD_MODE      480
#define      OWI_DELAY_I_STD_MODE      70
#define      OWI_DELAY_J_STD_MODE      410
//往 1 - Wire 总线上发送 1
void OWI_WriteBit1(unsigned char pins)
{
    unsigned char intState;

    // Disable interrupts
    intState = __save_interrupt();
    cli();

    // Drive bus low and delay
    OWI_PULL_BUS_LOW(pins);
    _delay_us(OWI_DELAY_A_STD_MODE);

    // Release bus and delay
    OWI_RELEASE_BUS(pins);
    _delay_us(OWI_DELAY_B_STD_MODE);

    // Restore interrupts
    __restore_interrupt(intState);
}
//往 1 - Wire 总线上发送 0
void OWI_WriteBit0(unsigned char pins)
```

```
{
    unsigned char intState;

    // Disable interrupts
    intState = __save_interrupt();
    cli();

    // Drive bus low and delay
    OWI_PULL_BUS_LOW(pins);
    _delay_us(OWI_DELAY_C_STD_MODE);

    // Release bus and delay
    OWI_RELEASE_BUS(pins);
    _delay_us(OWI_DELAY_D_STD_MODE);

    // Restore interrupts
    __restore_interrupt(intState);
}
```

//从 1 - Wire 总线上读取一个数据位

```
unsigned char OWI_ReadBit(unsigned char pins)
{
    unsigned char intState;
    unsigned char bitsRead;

    // Disable interrupts
    intState = __save_interrupt();
    cli();

    // Drive bus low and delay
    OWI_PULL_BUS_LOW(pins);
    _delay_us(OWI_DELAY_A_STD_MODE);

    // Release bus and delay
    OWI_RELEASE_BUS(pins);
    _delay_us(OWI_DELAY_E_STD_MODE);

    // Sample bus and delay
    bitsRead = OWIPIN & (1 << pins);
    _delay_us(OWI_DELAY_F_STD_MODE);

    // Restore interrupts
    __restore_interrupt(intState);
```

```
    return bitsRead;
}
//发送复位指令,并检测 1 - Wire 总线上回应信号(芯片存在)
unsigned char OWI_DetectPresence(unsigned char pins)
{
    unsigned char intState;
    unsigned char presenceDetected;

    // Disable interrupts
    intState = __save_interrupt();
    cli();

    // Drive bus low and delay
    OWI_PULL_BUS_LOW(pins);
    _delay_us(OWI_DELAY_H_STD_MODE);

    // Release bus and delay
    OWI_RELEASE_BUS(pins);
    _delay_us(OWI_DELAY_I_STD_MODE);

    // Sample bus to detect presence signal and delay
    presenceDetected = ((~OWIPIN) & (1 << pins));
    _delay_us(OWI_DELAY_J_STD_MODE);

    // Restore interrupts
    __restore_interrupt(intState);

    return presenceDetected;
}
//发送一个字节
void OWI_SendByte(unsigned char data, unsigned char pins)
{
    unsigned char temp;
    unsigned char i;

    // Do once for each bit
    for (i = 0; i < 8; i++)
    {
        // Determine if lsb is '0' or '1' and transmit corresponding
        // waveform on the bus
        temp = data & 0x01;
```

```
    if (temp)
    {
      OWI_WriteBit1(pins);
    }
    else
    {
      OWI_WriteBit0(pins);
    }
    // Right shift the data to get next bit
    data>> = 1;
  }
}
```

//读取一个字节
```
unsigned char OWI_ReceiveByte(unsigned char pin)
{
  unsigned char data;
  unsigned char i;
  // Clear the temporary input variable
  data = 0x00;

  // Do once for each bit
  for (i = 0; i < 8; i++)
  {
    // Shift temporary input variable right
    data>> = 1;
    // Set the msb if a '1' value is read from the bus
    // Leave as it is ( '0') else
    if (OWI_ReadBit(pin))
    {
      // Set msb
      data | = 0x80;
    }
  }
  return data;
}
```

3.3.3 参考例程

图 3-8 显示了使用 ATmega16 单片机控制 DS18B20（温度传感器）和 DS2413（双通道数据开关）的例子。它使用了 3.3.2 小节介绍的基本函数，每秒读取一次 DS18B20 的温度，然后显示在 LCD 上，并用 LED 显示出 DS2413 的按键状态。

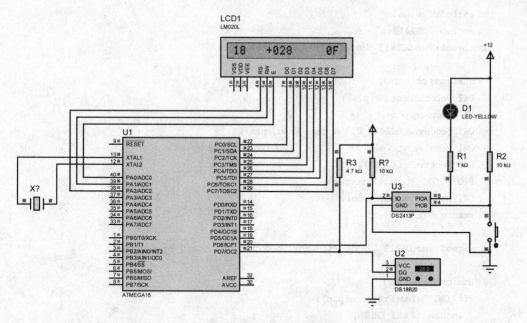

图 3 - 8　ATmega16 控制 DS18B20 和 DS2413 的电路图

　　这个例子中有两个 1 - Wire 器件：DS18B20（温度传感器）和 DS2413（双通道 IO 扩展）。液晶屏上显示 DS18B20 的温度和 DS2413 的状态，而 DS2413 读取按钮的状态，并根据按钮状态控制 LED，系统每秒更新一次。为了简单，子程序中都没有搜索设备，也没有计算 CRC8 校验。这个例子可以在 proteus 中仿真。完整的代码和 Proteus 仿真实例在随书光盘中，这里只列出主要函数。

```
// DS1820.c
# include "owi.h"
# include "DS1820.h"
// simple read temperature, skip rom, for one DS1820 in bus
signed int DS1820_SimpleReadTemperature(unsigned char pin)
{
  signed int temperature;
  OWI_DetectPresence(pin);
  OWI_SkipRom(pin);
  OWI_SendByte(DS1820_START_CONVERSION, pin);
  OWI_DetectPresence(pin);
  OWI_SkipRom(pin);
  OWI_SendByte(DS1820_READ_SCRATCHPAD, pin);
  temperature = OWI_ReceiveByte(pin);
  temperature |= (OWI_ReceiveByte(pin) << 8);
  return temperature/16;
}
// DS2413.c
```

```
# include "owi. h"
# include "DS2413. h"
unsigned char DS2413_SimpleRead(unsigned char pin)
{
  unsigned char PIO;
  OWI_DetectPresence(pin);
  OWI_SkipRom(pin);
  OWI_SendByte(DS2413_PIO_Access_Read, pin);
  OWI_ReceiveByte(pin);              // Read 3 PIO samples
  OWI_ReceiveByte(pin);
  PIO = OWI_ReceiveByte(pin);
  OWI_DetectPresence(pin);
  return PIO;
}
unsigned char DS213_SimpleWrite(unsigned char dat, unsigned char pin)
{
  unsigned char PIO;
  if(! OWI_DetectPresence(pin))
    return DS2413_ERROR;
  OWI_SkipRom(pin);
  OWI_SendByte(DS2413_PIO_Access_Write, pin);
  OWI_SendByte(dat, pin);
  OWI_SendByte(~dat, pin);
  OWI_ReceiveByte(pin);                 // Read confirmation byte
  PIO = OWI_ReceiveByte(pin);           // Read new PIO pin status
  if(! OWI_DetectPresence(pin))
    return DS2413_ERROR;
  return PIO;
}
// mian. c
# include < avr/io. h >
# include "cfg. h"
# include "macromcu. h"
# include "lcd. h"
# include "owi. h"
# include "ds1820. h"
# include "ds2413. h"
# include < util/delay. h >
unsigned char cnt = 0;
volatile unsigned char stat;
volatile signed int temperature;
char s[10];
void init()
{
  lcd_init();
```

```
}
int main()
{
  init();
  DS213_SimpleWrite(0xFF, OWI_PIN1);
  while(1)
  {
    _delay_ms(1000);
    cnt++;
    lcd_hex(0, cnt);
    // 读取温度
    temperature = DS1820_SimpleReadTemperature(OWI_PIN2);
    if(temperature < 0)
    {
      s[0] = '-';
      temperature = -temperature;
    }
    else
      s[0] = '+';
    s[1] = temperature/100 + '0';
    temperature = temperature % 100;
    s[2] = temperature/10 + '0';
    s[3] = temperature%10 + '0';
    s[4] = 0;
    // 显示温度
    lcd_str(5, s);
    // 读取 DS2413 状态
    stat = DS2413_SimpleRead(OWI_PIN1);
    if(stat & 0x04)
      stat = 0xFF;
    else
      stat = 0xFE;
    // 根据按键状态更新 LED
    stat = DS213_SimpleWrite(stat, OWI_PIN1);
    // 更新显示
    lcd_hex(14, stat);
  }
  return 0;
}
```

　　从这些代码可以发现,控制 1 - Wire 器件和控制 SPI 或 I²C 器件没有太大区别,都是通过硬件接口发送不同的指令。它们在软件层上的用法是类似的,最大的区别在于物理层的底层接口方式和控制时序的不同。

3.4 软件串口的使用

串口是最常见的通信接口,也是使用最广泛的工业接口之一。它的接口简单,使用方便,容易扩展,所以在嵌入式应用中得到广泛应用。

在实际应用中,虽然一个串口已经可以满足我们大部分情况的需求,但是很多时候也需要 2 个或更多串口。和其他单片机类似,大部分 AVR 单片机都带有 1 个串口,少数 AVR 单片机带有 2 个串口,也有极少数低端 AVR 单片机不带有硬件串口。在串口不够的时候,一种方法是选择有多串口的型号,再就是使用专用芯片扩展串口。这两种方法都需要对原有系统进行改动,增加成本;如果使用时对串口的要求不是太高,还可以使用软件串口。软件串口就是使用普通 IO 端口,通过模拟串口的时序实现串口通信。软件串口的实现方法有多种,常用的有延时法和定时器法,无论哪种方法都需要按照串口通信的要求产生正确的时序。下面将介绍这两种软件串口的使用方法。

3.4.1 串口的时序

无论使用什么方法进行串口通信,都需要按照串口通信的时序要求进行。串口通信的数据由一系列的位组成,这些位按照功能可以分为起始位、数据位、校验位、停止位等几个部分。串口的基本时序如下所示:

| (IDLE) | St | 0 | 1 | 2 | 3 | 4 | [5] | [6] | [7] | [8] | [P] | Sp1 | [Sp2] | (St / IDLE) |

空闲(IDLE)	空闲状态时,发送和接收 IO 上都是高电平,这时串口处于等待状态
起始位(St)	空闲状态下,一个下降沿信号启动串口,然后保持低电平
数据位	起始位后紧跟的就是数据位。数据位由 5~9 个位组成,目前最常用的是 8 位数据位方式。9 位数据位常用于多机通信模式
校验位(P)	校验位在数据位之后。校验有奇校验、偶校验和禁止校验等几种模式,可以用于检测传输中数据是否发生错误,现在通常都不使用校验位
停止位(Sp1/Sp2)	校验位之后是停止位,停止位由 1~2 位高电平组成

串口通信时,发送数据的速率称为波特率,代表 1 s 可以发送位的数量。常用的波特率有 1 200、9 600、19 200、115 200 等。使用 AVR 单片机硬件串口时,由硬件模块自动发送每一个位的数据;使用软件串口模拟硬件串口功能时,需要由用户程序完成硬件模块的功能。波特率是串口通信非常重要的一个指标,因为串口通信属于异步通信方式,通信时只使用一个信号线传递数据,没有时钟信号或其他控制信号,所以通信的双方需要约定好波特率。为了保证数据的正确传输,波特率的误差要足够

小,所以系统时钟需要有足够的精确度,通常情况下串口通信时允许的时钟误差是2％。这个指标与串口一个字节中包含的位数量有关(是否使用校验位、停止位的位数等),位越多,时钟误差带来的影响越大。

进行串口通信时,要求事先约定好通信时串口数据使用的格式,这样才能接收到正确的数据。在下面的介绍中,串口数据都使用了 8 位数据位、无校验位、1 位停止位的格式,这也是目前最常用的格式。如果有其他格式的需求,在此基础上也非常容易修改或扩展。

3.4.2　延时函数法

软件串口最简单的实现方法是使用延时函数产生串口需要的时序。因为串口通信对于时间的精度要求并不高,通常时间精度高于 2％就可以满足串口通信的要求,而 AVR 单片机有比较精确的延时函数,所以利用延时函数就可以方便地模拟出串口通信的时序。延时法使用起来简单方便,占用系统资源少,适合程序逻辑简单、实时性要求低的应用,使用延时法做软件串口时,主要用到下面的 3 个函数:

➤ 初始化函数 sfdUART_init();
➤ 数据发送函数 sfdUART_sendbyte;
➤ 数据接收函数 sfdUART_getbyte。

1. 软件串口初始化

在使用硬件串口时,IO 口的状态是由硬件模块自动设置的,不需要手工设置。使用软件串口时,需要自己设置发送和接收 IO 的状态,初始化时主要是设置发送端口、接收端口的输入输出方向寄存器以及默认的电平。下面函数设置了发送和接收 IO 的状态以及电平。

```
void sfdUART_init(void)
{
    PINDIR(sfdUART_TXDIO, PIN_OUTPUT);
    PINSET(sfdUART_TXDIO);
    PINDIR(sfdUART_RXDIO, PIN_INPUT);
    PINSET(sfdUART_RXDIO);
}
```

2. 软件串口发送子程序

使用软件串口发送数据时,需要模拟出串口通信的完整时序。首先是发送起始位,然后再发送数据位和停止位(这里假定无校验位)。

```
void sfdUART_sendbyte(char dat)
{
    unsigned char i;
```

```
// 起始位
PINCLR(sfdUART_TXDIO);
_delay_us(1000000UL / sfdBAUDRATE);
// 8 位数据位
for(i = 0; i < 8; i++)
{
  if(dat & 0x01)
    PINSET(sfdUART_TXDIO);
  else
    PINCLR(sfdUART_TXDIO);
  dat = dat /2;
  // 发送数据位时，延时时间需要根据循环中指令数量进行调整
  // 去掉指令占用时间，这个时间与指令数和时钟频率有关
  _delay_us(1000000UL / sfdBAUDRATE - SFD_LOOP_VAR);
}
// 停止位
PINSET(sfdUART_TXDIO);
_delay_us(1000000UL / sfdBAUDRATE);
}
```

发送数据位时，因为执行 for 循环等指令需要占用一定的时间，它对延时时间有一定的影响。在波特率比较低、系统时钟频率较高时，指令占用的时间影响还不大；当波特率高、系统时钟频率较低时，就会对延时的精度产生较大的影响，从而容易造成数据误码。所以在发送数据位时，需要对延时的时间做一个调整，这个调整时间与系统时钟频率有关。为了方便使用，这里定义了一个宏 SFD_LOOP_VAR，用于调整指令对延时的影响。

3. 软件串口接收子程序

接收数据和发送数据的流程基本是相同的，只是将发送变为接收。首先检测起始位，检测到起始位后，再开始接收数据位和停止位。为了保证接收数据位的准确性，在检测到起始位后，延时的时间是发送 1.5 bit 的时间，保证采样后续数据位时在数据位的中间。

```
char sfdUART_getbyte(void)
{
unsigned char i, tmp;
// start bit
while(PININ(sfdUART_RXDIO));
// delay 1.5 bit
_delay_us(1500000UL / sfdBAUDRATE);
for(i = tmp = 0; i < 8; i++)
```

```
{
    tmp = tmp >> 1;
    if(PININ(sfdUART_RXDIO))
        tmp |= 0x80;
    _delay_us(1000000UL / sfdBAUDRATE -  SFD_LOOP_VAR);
}
// stop bit
_delay_us(1000000UL / sfdBAUDRATE);
return tmp;
}
```

在接收数据位时,同样需要调整因为其他指令造成的延时,避免产生误码。

4. 参考例程

下面是使用上面函数作为软件串口的简单例子。在这个例子中,首先初始化软件串口,并输出一个提示信息。然后在主程序中等待软件串口中接收到的数据,再将接收到的数据发送回去。为了对比,接收到的数据同时通过 ATmega8 的硬件串口进行发送,从而方便比较,查看接收和发送的数据是否正确。

```
# include "cfg. h"
# include "macromcu. h"
# include "sfduart. h"
# include < avr/io. h >
# define UBRRREG (F_CPU / ( 8 * sfdBAUDRATE ) - 1)
const char msg[] = "Input here > ";
void init()
{
    int tmp;
    // 初始化软件串口
    sfdUART_init();
    // 初始化硬件串口,用于进行数据对比
    UBRRH = UBRRREG / 256;
    UBRRL = UBRRREG % 256;
    UCSRA = ( 1 << U2X );
    UCSRB = ( 1 << TXEN );
    UCSRC = ( 1 << UCSZ1) | ( 1 << UCSZ0 );
    tmp = 0;
    while(msg[tmp])
    {
        // 发送提示信息
        sfdUART_sendbyte(msg[tmp]);
        tmp ++ ;
    }
}
```

```
int main(void)
{
    char tmp;
    init();
    for(;;)
    {
        // 接收数据
        tmp = sfdUART_getbyte();
        // 发送到硬件串口
        UDR = tmp;
        // 发送到软件串口
        sfdUART_sendbyte(tmp);
    }
    return 0;
}
```

proteus 仿真的例子如图 3 - 9 所示。ATmega8 单片机连接到两个虚拟终端上，第一个是通过软件串口连接，第二个使用硬件串口连接。在第一个虚拟终端上可以用键盘输入数据，然后将这个数据同时显示到两个终端上。为了更方便对比，还将两个发送信号引入到虚拟示波器中，通过对比波形观察两种方式的差别。

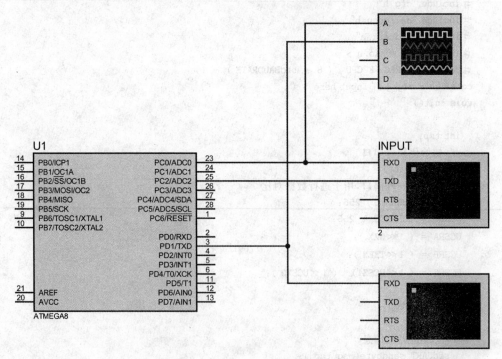

图 3 - 9　proteus 仿真实例

5. 改进的软件串口接收子程序

在上面的串口接收函数中,检测起始位是通过循环语句实现的。这样虽然简单,但是效率低,程序只有在检测到起始位后才能执行后续的语句。为了提高效率,可以使用外中断引脚作为接收的 IO,并通过外部中断来检测是否有数据需要接收,如图 3 - 10 所示。只有在检测到起始位的下降沿时,才启动串口接收函数。中断可以使用外中断 INT0/INT1 或按键中断 PCINT,也可以使用比较器中断。

一旦检测到发生中断,就需要将外中断关闭,避免在一个字节的数据接收过程中重复进入中断。直到一个字节的数据接收完成,才能再次允许中断,这样可以继续接收后面的数据。

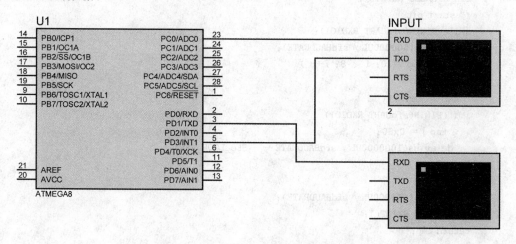

图 3 - 10　改进的软件串口接收原理图

改进后的子程序如下(以 INT1 作为外部中断为例)所示。和前面函数相比,主要变化就在于增加了中断的处理。

```c
#define sfd_DISABLE_RXINT() GICR &= ~(1 << INT1)
#define sfd_ENABLE_RXINT()  GICR |= (1 << INT1)
volatile char RXCflag = 0;
ISR(INT1_vect)
{
  // 检测到下降沿,设置接收标志位
  RXCflag = 1;
  // 禁止 INT1 中断,直到数据接收完成,避免重复触发
  sfd_DISABLE_RXINT();
}
// 初始化函数中,增加了中断部分
void sfdUART_init(void)
{
  PINDIR(sfdUART_TXDIO, PIN_OUTPUT);
```

```
    PINSET(sfdUART_TXDIO);
    PINDIR(sfdUART_RXDIO, PIN_INPUT);
    PINSET(sfdUART_RXDIO);
    // 允许外中断 1,下降沿触发方式
    MCUCR = (1 << ISC11);
    sfd_ENABLE_RXINT();
}
// 接收函数中,增加了中断使能的控制
char sfdUART_getbyte(void)
{
    unsigned char i, tmp;
    sfd_DISABLE_RXINT();
    // start bit
    while(PININ(sfdUART_RXDIO));
    _delay_us(1500000UL / sfdBAUDRATE);
    for(i = tmp = 0; i < 8; i++)
    {
        tmp = tmp>>1;
        if(PININ(sfdUART_RXDIO))
            tmp | = 0x80;
        _delay_us(1000000UL / sfdBAUDRATE -  SFD_LOOP_VAR);
    }
    // stop bit
    _delay_us(1000000UL / sfdBAUDRATE);
    sfd_ENABLE_RXINT();
    return tmp;
}
```

3.4.3　使用普通定时器产生半双工软件串口

　　前面使用延时函数产生串口通信需要的时序,虽然使用简单、占用资源少,但是程序运行的效率很低。如果程序需要执行的功能比较多、逻辑复杂,就不能满足要求了。如果改用定时器进行延时,而不是使用延时函数进行延时,就可以同时执行多个任务,提高程序的运行效率。

　　下面以定时器 2 为例,说明使用定时器延时的方法。为了方便使用,对使用到的一些内部变量进行了定义和封装。此外还定义了几个宏,方便程序移植和修改。这里仍然使用了 1.4.2 小节的硬件,就不再重复画出了。

```
struct TSOFTUART{
    unsigned char TXDBUF; // 串口发送缓冲区
    unsigned char RXDBUF, RXDBUFtmp; // 串口接收缓冲区
    unsigned char TXDcnt, RXDcnt; // 内部变量
    char sfRXC :1; // RXC flag, 1  代表收到新数据
    char sfTXC :1; // TXC flag, 1  代表数据已发送完成
```

```
  char sfFE   :1; // Frame Error flag
  char sfPE   :1; // Parity Error flag
  char sfDOR :1; // Data OverRun flag
  char sfMODE:1; // TXD/RXD mode flag
};
struct TSOFTUART stUART;
# define __save_interrupt()               SREG
# define __restore_interrupt(intState) SREG = intState
# define sf_DISABLE_RXINT() GICR &= ~(1 << INT1)
# define sf_ENABLE_RXINT()  {                      \
                             GIFR | = (1 << INTF1);  \
                             GICR | = (1 << INT1);   \
                            }
# define sf_START_TMR()     {                      \
                             TIFR | = (1 << OCF2);   \
                             TIMSK| = (1 << OCIE2);  \
                             TCCR2 | = (1 << CS20);  \
                            }
# define sf_STOP_TMR()      {                      \
                             TCCR2 & = ~(1 << CS20); \
                             TIMSK & = ~(1 << OCIE2);\
                            }
```

1. 软件串口初始化

和延时函数法相比,串口的初始化部分需要增加定时器的设置以及内部变量的初始化。为了避免每次都重新设置定时器参数,将定时器的工作模式设置为 CTC (Clear Timer on Compare Match)模式。定时器的时间常数由寄存器 OCR2 决定,将它设置为传输一个比特位需要的时间,这样就可以在定时器中断服务程序中接收或发送数据。因为接收和发送通常不是同步进行,而普通定时器只有一个定时器事件,所以这种方法通常只能使用半双工模式;除非使用两个定时器,一个处理接收,另外一个处理发送,但是这样做的代价比较大,因为使用软件串口时,往往是要求并不高应用。以定时器 2 为例,下图显示了 CTC 模式下定时器的工作模式。

为了简单,下面程序的定时器参数部分没有做自动适应。在使用普通定时器做软件串口时,特别在使用 8 位定时器时,计算结果很容易溢出,这样会使得运行结果是错误的。这时需

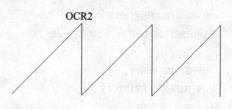

要调整定时器的分频比,改变定时器的时间参数,使它在正常范围之内。

```
// 初始化软件串口
void sfUART_init(void)
```

```
{
    PINDIR(sfUART_TXDIO, PIN_OUTPUT);
    PINSET(sfUART_TXDIO);
    PINDIR(sfUART_RXDIO, PIN_INPUT);
    PINSET(sfUART_RXDIO);
    stUART.TXDcnt = 0;
    stUART.RXDcnt = 0;
    stUART.sfTXC   = 0;
    stUART.sfRXC   = 0;
    stUART.sfMODE  = 0;
    // CTC Mode
    // 分频系数 = 1
    // 为了简单这里没有做自适应处理,需要注意 OCR2 的计算结果是否会溢出
    OCR2 = F_CPU / sfBAUDRATE - 1;
    TCCR2 = (1 << WGM21);
    sf_START_TMR();
    // 允许外中断 1,下降沿触发方式
    MCUCR = (1 << ISC11);
    sfUART_mode(sfUART_mode_RXD);
}
```

2. 设置接收/发送模式

因为是半双工模式的串口,所以需要设置接收或者发送模式。在模式切换时,需要改变外中断和定时器中断的状态,为了避免改变中断时对寄存器状态产生影响,所以需要先禁止中断,等模式设置完成后再恢复中断。

```
// 设置软件串口工作模式
void sfUART_mode(char mode)
{
    char itmp;
    itmp = __save_interrupt();
    cli();
    stUART.sfMODE = mode;
    if(stUART.sfMODE == sfUART_mode_TXD)
    {
        sf_START_TMR();
        sf_DISABLE_RXINT();
    }
    else
    {
        sf_STOP_TMR();
```

```
    sf_ENABLE_RXINT();
  }
  __restore_interrupt(itmp);
}
```

3. 软件串口服务程序

为了使软件串口使用方便,这里设置了一个服务程序完成软件串口的各种功能。用户程序不需干预软件串口的内部事件或状态,方便了使用和移植。软件串口服务程序由定时器中断事件调用,每次接收或发送一个位的数据。服务程序中设置了接收和发送状态标志,用于判断当前软件串口的状态。

```
void sfUART_svr(void)
{
  if(stUART.sfMODE == sfUART_mode_TXD)
  {
    // send
    switch(stUART.TXDcnt)
    {
      case 0://无数据
        break;
      case 1://start bit
        stUART.TXDcnt ++ ;
        PINCLR(sfUART_TXDIO);
        break;
      case 2://8 bits
      case 3:
      case 4:
      case 5:
      case 6:
      case 7:
      case 8:
      case 9:
        if(stUART.TXDBUF & 0x01)
          PINSET(sfUART_TXDIO);
        else
          PINCLR(sfUART_TXDIO);
        stUART.TXDBUF = stUART.TXDBUF >> 1;
        stUART.TXDcnt ++ ;
        break;
      case 10://stop bit
        stUART.TXDcnt = 0;
```

```
        PINSET(sfUART_TXDIO);
        stUART.sfTXC = 1;
      default:
        break;
    }
  }
  else
  {
    switch(stUART.RXDcnt)
    {
      case 0://start bit
        stUART.RXDcnt = 1;
        stUART.RXDBUFtmp = 0;
        break;
      case 1://data
      case 2:
      case 3:
      case 4:
      case 5:
      case 6:
      case 7:
      case 8:
        stUART.RXDBUFtmp = stUART.RXDBUFtmp>>1;
        if(PININ(sfUART_RXDIO))
          stUART.RXDBUFtmp |= 0x80;
        stUART.RXDcnt++;
        break;
      case 9://stop bit
        stUART.sfRXC = 1;
        stUART.RXDcnt = 0;
        sf_STOP_TMR();        // stop timer
        stUART.RXDBUF = stUART.RXDBUFtmp;
        sf_ENABLE_RXINT();    // 允许外部中断,接收下一个数据
        break;
      default:
        break;
    }
  }
}
```

4. 中断服务程序

为了使上面的软件串口服务程序正常运行,需要在定时器中断服务程序中定时

调用软件串口服务程序。外中断用于串口接收时检测起始位,需要在外中断服务程序中改变内部变量状态。

　　需要注意的是,为了保证定时器中断服务程序能够尽可能准确地调用,需要将定时器中断服务程序的属性设置为 ISR_NOBLOCK。这是因为默认情况下,AVRGCC 将中断服务程序设置为 ISR_BLOCK 属性,进入中断服务程序后全局中断属性被禁止,退出中断时再恢复。因为中断服务程序执行需要一定时间,这样会对定时器中断的精度造成一定影响,容易出现误码,系统时钟频率越低、波特率越高时影响越大。这两个中断服务程序的参考代码如下:

```
// 定时器中断服务程序
ISR(TIMER2_COMP_vect, ISR_NOBLOCK)
{
  sfUART_svr();
}
// 外中断服务程序
ISR(INT1_vect, ISR_NOBLOCK)
{
  // 禁止 INT1 中断,直到接收完成,避免重复触发
  sf_DISABLE_RXINT();
  stUART.RXDcnt = 1;
  TCNT2 = OCR2 / 16; // 在系统时钟频率低,波特率高时可能需要调整此参数
  sf_START_TMR();
}
```

5. 发送数据

　　因为有软件串口服务程序,数据收发变得轻松和简单。发送数据时,只是简单地改变内部变量的状态,发送的整个过程由软件串口服务程序自动完成。为了简单,发送数据前没有检查缓冲区是否为空。

```
void sfUART_sendbyte(char dat)
{
  stUART.TXDBUF = dat;
  stUART.sfTXC = 0;
  stUART.TXDcnt = 1;
}
```

　　函数 sfUART_TXC()用于检查串口中的数据是否发送完成,返回参数是 1 时代表数据发送完成。

6. 接收数据

　　接收数据也是由软件串口服务程序自动完成。一旦检测到起始位,就开始自动

接收数据。数据接收完成后保存在内部变量中,然后通过函数 sfUART_getbyte (void)读取。函数 sfUART_RXC(void)用于检测缓冲区中是否有未读取的数据。

7. 参考例程

下面的例子演示了半双工软件串口的用法,使用到了上面的几个函数。在主程序中通过 sfUART_RXC() 检测是否接收到数据,然后将接收到的数据通过串口再发送回去。它仍然使用了上个例子中的 proteus 仿真图,这里就不重复了。

```c
int main()
{
    unsigned int UBRRREG;
    unsigned char tmp;
    sfUART_init();
    UBRRREG = F_CPU / ( 8 * sfBAUDRATE ) - 1;
    UBRRH = UBRRREG / 256;
    UBRRL = UBRRREG % 256;
    UCSRA = ( 1 << U2X );
    UCSRB = ( 1 << TXEN );
    UCSRC = ( 1 << UCSZ1 ) | ( 1 << UCSZ0 );
    sei();
    sfUART_mode(sfUART_mode_TXD);
    sfUART_sendbyte(' > ');
    _delay_ms(100);
    sfUART_mode(sfUART_mode_RXD);
    for(;;)
    {
        if(sfUART_RXC())
        {
            tmp = sfUART_getbyte();
            UDR = tmp;
            sfUART_mode(sfUART_mode_TXD);
            sfUART_sendbyte(tmp);
        }
        if(sfUART_TXC())
        {
            sfUART_clrTXC();
            sfUART_mode(sfUART_mode_RXD);
        }
    }
    return 0;
}
```

软件串口也可以模拟硬件串口那样设置相应的串口接收和发送的事件。不过考虑到定时器中断的执行频率较高，以及减少不同程序模块之间可能存在的干扰，所以没有使用这样的方法，而是使用查询标志位检查串口的状态。例如在系统时钟频率是 1 MHz，串口波特率是 9 600 的情况下，定时器中断的间隔时间是

$$1\ 000\ 000\ \text{Hz}/9\ 600\ \text{bps} = 104\ \mu\text{s}$$

　　考虑到中断服务程序本身还需要占用一定的时间，104 μs 只能执行很少的语句，无法实现太复杂的功能，这时设置串口接收事件就没有太大意义。

　　这里虽然是以 AVR 单片机为例，但是它很容易移植到其他单片机上。只要使用一个普通定时器和一个外部中断，就可以实现这个功能。

3.4.4　利用定时器 1 产生全双工软件串口

　　使用普通定时器只能产生半双工串口的原因在于普通定时器只有一个定时器事件，而串口数据的接收和发送不一定是同步的，这样就不能同时处理数据接收和发送。但是 AVR 单片机的定时器 1 有两个定时器事件：OCF1A 和 OCF1B，在定时器 1 的一些工作模式下，可以同时使用这两个事件。如果将它们分别用于软件串口的接收和发送，就能够实现全双工软件串口。

　　为了尽量利用定时器的性能，我们仍然使用定时器的 CTC 模式。在定时器模式 12 时（以 ATmega8 单片机为例），定时器的最大值由寄存器 ICR1 决定，它就是串口传输 1 比特需要的时间，而寄存器 OCR1A 将触发 OCF1A 事件，OCR1B 触发 OCF1B 事件，它们将分别用于串口数据的接收和发送。

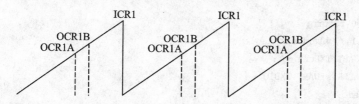

1. 初始化

　　使用定时器 1 做全双工软件串口时，初始化部分和使用普通定时器的部分类似，但是需要修改定时器部分的参数设置，以及允许 OCF1A 和 OCF1B 两个定时器中断事件。

```
void sfUART_init(void)
{
    PINDIR(sfUART_TXDIO, PIN_OUTPUT);
    PINSET(sfUART_TXDIO);
    PINDIR(sfUART_RXDIO, PIN_INPUT);
    PINSET(sfUART_RXDIO);
    stUART.TXDcnt = 0;
```

```
    stUART.RXDcnt = 0;
    stUART.sfTXC = 0;
    stUART.sfRXC = 0;
    // CTC Mode
    // 分频比:1
    OCR1A = 1;
    ICR1  = (F_CPU / sfBAUDRATE) - 1;
    TCCR1A = 0x00;
    TCCR1B = (1 << WGM13)|(1 << WGM12)|(1 << CS10);
    TIMSK = (1 << OCIE1A)|(0 << OCIE1B);
    // INT1
    // 允许外中断1,下降沿触发方式
    MCUCR = (1 << ISC11);
    sf_ENABLE_RXINT();
}
```

2. 软件串口服务程序

因为是全双工软件串口,不需要在接收和发送模式中进行切换,因此分别设置了两个服务程序,分别对应于数据发送和数据接收。

```
void sfUART_TXDsvr(void)
{
    switch(stUART.TXDcnt)
    {
    case 0:return;
    case 1://  start bit
        stUART.TXDcnt ++ ;
        PINCLR(sfUART_TXDIO);
        break;
    case 2://  send data
    case 3:
    case 4:
    case 5:
    case 6:
    case 7:
    case 8:
    case 9:
        if(stUART.TXDBUF & 0x01)
            PINSET(sfUART_TXDIO);
        else
            PINCLR(sfUART_TXDIO);
        stUART.TXDBUF = stUART.TXDBUF >> 1;
```

```
        stUART. TXDcnt + + ;
        break;
    case 10:// stop bit
        stUART. TXDcnt = 0;
        PINSET(sfUART_TXDIO);
        stUART. sfTXC = 1;
        break;
    default:
        stUART. TXDcnt = 0;
        return;
    }
}
void sfUART_RXDsvr(void)
{
    switch(stUART. RXDcnt)
    {
    case 0:// start bit
        stUART. RXDBUF = 0;
        stUART. RXDcnt + + ;
        break;
    case 1:// data
    case 2:
    case 3:
    case 4:
    case 5:
    case 6:
    case 7:
    case 8:
        stUART. RXDBUF = stUART. RXDBUF≫1;
        if(PININ(sfUART_RXDIO))
            stUART. RXDBUF | = 0x80;
        stUART. RXDcnt + + ;
        break;
    case 9:// stop bit
        stUART. sfRXC = 1;
        sf_RXD_STOP();
        GIFR | = (1≪INTF1);
        sf_ENABLE_RXINT();
        break;
    default:
        return;
    }
```

```
}
```

这两个服务程序需要分别在 OCF1A 和 OCF1B 的中断服务程序中调用。

```
ISR(TIMER1_COMPA_vect, ISR_NOBLOCK)
{
  sfUART_TXDsvr();
}
ISR(TIMER1_COMPB_vect, ISR_NOBLOCK)
{
  sfUART_RXDsvr();
}
```

而在外中断服务程序中,需要进行数据接收的起始位检测,这和前面的流程相同。

```
ISR(INT1_vect)
{
  sf_DISABLE_RXINT();
  sf_RXD_START();
}
```

3. 数据发送和接收

这个模式下软件串口的数据发送和接收函数,和半双工模式时是完全相同的,就不在重复了。

4. 参考例程

下面的参考例程演示了使用定时器 1 的全双工软件串口的基本用法,和前面的例子非常相似,只是不需要设置接收或发送模式了。

```
#define UBRRREG   (F_CPU / ( 8 * sfBAUDRATE ) - 1)
int main(void)
{
  unsigned char tmp;
  PORTB = 0xFF;
  sfUART_init();
  // 使用硬件串口作为对比
  UBRRH = UBRRREG / 256;
  UBRRL = UBRRREG % 256;
  UCSRA = ( 1 << U2X );
  UCSRB = ( 1 << TXEN );
  UCSRC = ( 1 << UCSZ1 ) | ( 1 << UCSZ0 );
  sei();
```

```
for(;;)
{
    if(sfUART_RXC())
    {
        tmp = sfUART_getbyte();
        UDR = tmp;
        sfUART_sendbyte(tmp);
    }
    if(sfUART_TXC())
    {
        sfUART_clrTXC();
    }
}
return 0;
}
```

3.4.5　软件串口小结

　　软件串口可以使用延时法和定时器法,各有优缺点。延时法更简单,占用资源少,无须使用任何中断,稳定性好,但是性能低,不能并行处理多个任务,也不能实现全双工模式。定时器法更灵活,可以并行执行多个任务,在代码上可以和硬件串口的用法类似,但是需要占用定时器和外中断资源。具体使用哪一种方法,需要根据实际应用的要求决定,只是定时器法适用的范围更广,所以它的使用也更多一些。

　　为了可以更清楚地说明软件串口的原理和使用,本书只介绍了软件串口最基本的内容,而比如帧错检测、数据溢出、校验位的使用、多机通信位、多停止位等内容都没有包含进来。但是只要把基本内容搞清楚了,相信在需要的时候读者就可以很容易把这些部分补上。虽然这里也只介绍了一个软件串口的使用方法,其实它也可以扩充到同时使用多个软件串口,只是这样需要占用更多的系统资源。

　　虽然串口属于低速通信外设,但是由于一般单片机的速度也不高,所以使用软件串口时波特率也不能设置太高。因为使用软件串口时,每一个比特位的发送或接收都是通过软件完成,需要 MCU 有足够的时间去处理,所以软件串口的波特率通常会在 9 600 或者 9 600 以下。

　　硬件串口在工作时,每个比特位的数据都是通过硬件电路多次采样后得出,它会根据采样时 1 和 0 的多少来判断当前数据位的值,这样抗干扰性能就很好。而软件串口因为收到 MCU 性能的限制,通常就不能进行多次采样,而是只进行一次采样,这样抗干扰性能就会差很多。

　　虽然软件串口有很多缺点或者说限制,但是它成本低、使用灵活、在需要多个串口或串口不够、而又不方便通过专用芯片进行扩展时,软件串口仍然是一个很好的选择。

专题四

AVRUSB 的使用技巧

4.1 AVRUSB 简介

什么是 AVRUSB？AVRUSB 是一种使用 AVR 单片机的普通 IO 口，通过软件方式模拟 USB 通信协议，从而实现 AVR 单片机和 USB 主机通信的技术。这是 AVR 单片机独有的一个小技巧，它充分利用了 AVR 单片机 RISC 内核的高效率，使用普通 IO 口模拟 USB 1.1 通信协议，无需单片机内部特别的硬件模块或者其他外部芯片，就可以在 AVR 单片机上实现简单的 USB 通信功能（支持多种 USB 通信模式，如 HID、CDC 等）。AVRUSB 占用的硬件资源很少，只需占用一个外部中断、2 个普通 IO 端口以及不到 2 KB 的程序空间，所以几乎所有的 AVR 单片机都可以实现这个功能，包括很多低端的 AVR 单片机都可以实现这个功能。

AVRUSB 还提供了一个通用软/硬件平台，用户按照 AVRUSB 的框架，只需要做很小的改动或者参数设置，就可以实现自己的 USB 通信功能。AVRUSB 还使用了很多编程技巧，使得在不同单片机上使用 AVRUSB 时，只需要简单修改 IO 定义，而无须修改源程序。正是因为 AVRUSB 简单易用，对所以在很多 DIY 的作品或者开源项目中，我们可以看到 AVRUSB 的应用。

因为 AVR 这个单词是 ATMEL 公司的注册商标，而 ATMEL 公司的 AVR 单片机中存在带有 USB 功能的单片机，所以为了避免名称上的混淆和侵权，AVRUSB 的作者现在把它改名为 V－USB。不过因为大家都习惯于使用 AVRUSB 这个名称，而且 AVRUSB 相比 V－USB 更加直观和容易记忆，所以本书仍然延续使用了 AVRUSB 这个名称。

4.2　AVRUSB 的发展

AVRUSB 发展的完整历程现在还没有被整理过，目前可以查到最早关于 AVRUSB 方面的文档是在 ATEML 公司的应用笔记《AVR309：Software Universal Serial Bus (USB)》中记载的。这个应用笔记提供了完整的一套软件 USB 方案，包括原理介绍、硬件结构、单片机代码、上位机软件驱动程序和用户接口函数。对于 AVR 单片机这一部分，它完全使用汇编语言实现；而对于 PC 软件部分，需要编写一个专用的驱动，然后通过这个驱动程序和 AVR 单片机进行通信。在应用笔记《AVR309》中比较详细地介绍了 AVRUSB 的原理和使用方法，还提供了完整的代码。这个版本 AVRUSB 的作者是斯洛伐克的 Igor Cesko，网站是 http://www.cesko.host.sk/。因为这个版本的 AVRUSB 需要使用汇编语言进行开发，使用上也比较复杂，所以使用范围不是很广。

此后，Objective Development Software GmbH 公司（网站是 http://www.obdev.at）发布了改进的 AVRUSB。这个版本的 AVRUSB 提供了更加完整和强大的解决方案，支持更多的功能，开发上也更加方便。它在单片机部分使用了 C 语言和汇编语言混合编程，整个软件的框架使用了 C 语言编写（目前支持 GCC 和 IAR 两种编译器），而与 USB 相关的底层驱动部分使用汇编语言编写。USB 的底层驱动部分无需用户干预，用户的 USB 通信部分集中到很少几个接口函数中，用户只需要在这几个接口函数中编写自己的数据处理部分的代码。USB 通信支持 HID、CDC、自定义设备等多种方式，使用上非常灵活。因为这个方案兼顾了代码的运行效率和编程的整体开发效率，简化了代码编写过程，使 AVRUSB 开发变得非常轻松和简单。用户无需了解太多 USB 的相关知识，也无需特殊的芯片或者硬件，就能够快速使 AVR 单片机系统和 USB 主机进行通信，所以这个版本的 AVRUSB 很快就成为主流。在它的基础上，全世界的 AVR 爱好者制作了数以百计的开源项目，它也是 AVR 单片机中最受欢迎的 DIY 项目之一。

在硬件上，最早 AVRUSB 需要占用 3 个 IO，后来经过优化和改进，只需要使用 2 个 IO。时钟最开始只能使用 12 MHz 的外部时钟作为单片机系统时钟，后来随着程序的不断优化和改进，目前还可以使用 12.8 MHz/15 MHz/16 MHz/16.5 MHz/18 MHz/20 MHz 等多种频率的时钟，甚至可以在某些带有 PLL 功能的 AVR 单片机中使用内部的 RC 振荡器作为时钟源。

AVRUSB 还有一个很重要的特点，它使用了很多宏定义技巧和其他编程技巧，使得 AVRUSB 在不同型号的 AVR 单片机上使用时，只需要简单的修改参数配置文件中的 IO 定义，而无须修改 USB 通信部分的程序代码，使得程序移植非常简单。

虽然目前的 AVRUSB 功能已经很强大了，但是 Objective Development Software GmbH 公司还在不断改进 AVRUSB。在初期每隔几个月就会发布一个新版本,每次升级都会改进一些错误和增加新的功能。而现在因为整个项目已经比较完善,所以通常 1～2 年才发布一个新版本,到现在已经累计发布了十多个版本。

可能有读者会想到,现在支持 USB 功能的 MCU 很多,为什么还要使用 AVRUSB 呢?这是因为 AVRUSB 不但简单易用、成本低、容易 DIY 之外,也无需用户了解 USB 通信协议和 USB 底层知识,就可以实现多种方式的 USB 通信功能。此外还可以根据用户需要进行修改,实现不同的特殊功能。

4.3 硬件结构

AVRUSB 的硬件结构是非常简单的,外围电路只需要使用到很少几个电阻、稳压二极管、晶体振荡器、电容等元件,就可以组成一个最小系统。AVRUSB 可以有多种不同的连接方式,下面介绍几种常用硬件连接方式。

4.3.1 使用稳压二极管的连接方法

如图 4-1 所示,这种方法需要使用两个 3.6 V 左右的稳压二极管对 IO 输出进行限压,常用于 5 V 供电的系统中(如通过 USB 直接给单片机供电)。

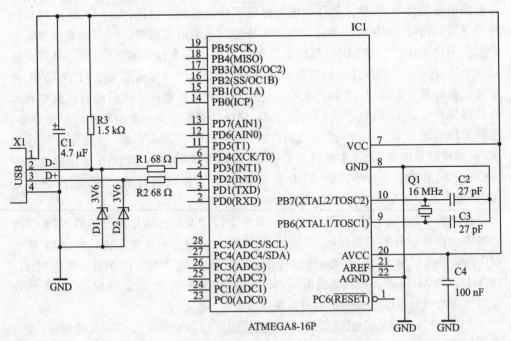

图 4-1 使用稳压二极管的接法

4.3.2　使用二极管串联降压的方式

如图 4-2 所示,使用普通的二极管进行降压,每个二极管上的压降约为 0.7 V,这样可以将 5 V 电压降到 3.6 V 左右。这种方式比使用 LDO 简单,元件少,成本低,但是稳定性相比使用 LDO 时差一些。

有时也可以使用一个 LED 二极管代替两个串联的 1N4148,这时 LED 不但起到降压作用,还可以兼做指示灯。但是使用 LED 时,要注意不同型号的 LED 压降是不同的,需要选择导通电压在 1.6～2 V 之间的 LED。

无论使用 1N4148、LED 或者其他二极管串联降压,都需要注意二极管本身功率的限制,以及在大电流通过二极管时压降的变化对 VCC 的影响。

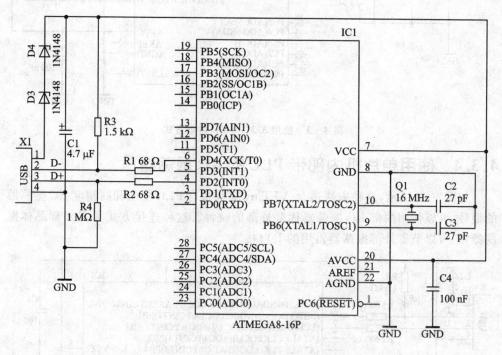

图 4-2　使用二极管串联降压的方式

4.3.3　使用 3.3 V LDO 供电

使用稳压二极管的方法虽然简单,但是稳定性稍差。如果使用 LDO 将 5 V 转换为 3.3 V,如图 4-3 所示,然后给系统供电,稳定性更好,但是会稍微增加一点成本。这时在 D+ 和 D- 上就不需要使用稳压二极管限制电压。

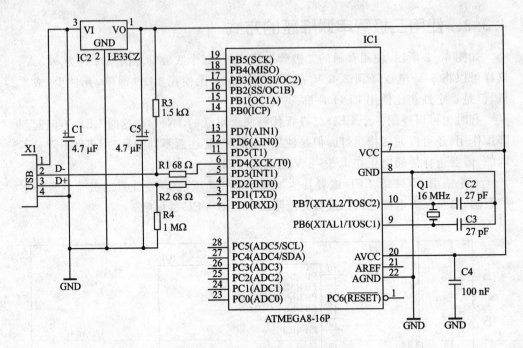

图 4 - 3   使用 3.3 V LDD 供电方式

4.3.4   使用单片机内部带 PLL 的 RC 振荡器

如图 4 - 4 所示,这种方法适合 ATTiny45 等带有 PLL 功能和高精度 RC 振荡器的型号,可以使用内部 RC 振荡器代替外部的时钟。这种连接方式无需外部晶体振荡器,还可以节省外部振荡器占用的 IO 口。

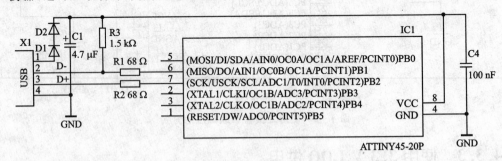

图 4 - 4   使用单片机内部带 PLL 的 RC 振荡器

4.3.5   使用外部电源的连接方法

前面几个例子都是使用 USB 供电的,AVRUSB 也可以使用外部电源供电。这时只需要改变 VCC 的连接方式,如图 4 - 5 所示,其他部分和前面的连接方式类似。

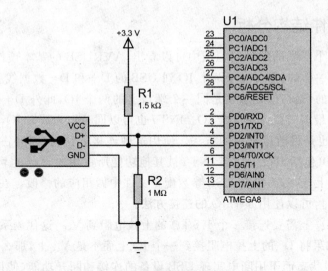

图 4 - 5　使用外部电源的连接法

4.3.6　使用 3 个 IO 时的连接方法

前面几种连接方式都是使用两个 IO 的方法，AVRUSB 还支持 3 个 IO 的连接方法，如图 4 - 6 所示，这也是早期常用的连接方法。它常用于 USB 的 IO 和 INT0 不在同一个端口的情况，这时 D＋除了连接到 IO 外，还需要连接到 INT0 上。

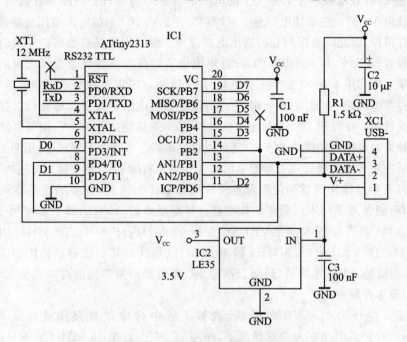

图 4 - 6　使用 3 个 IO 时的连接方法

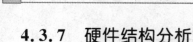
4.3.7　硬件结构分析

从上面几个不同的硬件结构图中可以看出,AVRUSB 的基本硬件结构很简单,主要部分都是一样的,需要连接两个 IO 到 USB 的 D＋和 D－数据线上。IO 可以使用任意端口上的引脚,但是必须是同一个端口上的两个 IO,此外 D＋还必须连接到 INT0 上,这样最多需要占用 3 个 IO。INT0 也可以同时作为数据 IO,这时就可以节约一个 IO,这也是目前最常用的方法。使用这种连接方法时,需要占用 INT0 所在端口的两个 IO(包括 INT0)。当 INT0 被其他功能所占用时,D＋也可以接到 INT1 等其他外中断上,这时需要在 USB 参数配置文件中做相应的修改。在 INT0 所在端口的 IO 不足时,可以使用 3 个 IO 的连接方法。

此外,在 D－上需要连接一个 1.5 kΩ 的上拉电阻到 V_{cc},这代表系统是一个低速 USB 设备。如果将 D－的上拉电阻接到一个 IO 上而不是 V_{cc} 上,那么可以通过改变 D－的上拉电阻状态而不用断电实现 USB 设备的连接和断开功能(使用 usbdrv.h 中预定义的宏 usbDeviceConnect() 和 usbDeviceDisconnect())。D＋上的 1 MΩ 上拉/下拉电阻是可选的,使用 USB 供电时可以不用这个电阻(因为这种情况下只有连接到 USB 上系统才会开始工作),在使用外部电源供电时,这个电阻可以防止 INT0 引脚在悬空时被外部的干扰信号误触发。注意,在使用稳压二极管限制 D＋上的电压时,电阻只能使用下拉方式而不能使用上拉方式。

因为 USB 规范限制了数据线上的电压是 3.0～3.6 V,而 AVR 单片机的 IO 输出电压是接近 V_{cc} 的。在系统电压是 5 V 时(V_{cc}＝5 V),IO 上的输出电压也接近 5V,超出了允许范围,因此需要限制它的输出电压范围。最常用也是最经济的方式就是使用稳压二极管,在 D＋、D－上串联的 68 Ω 电阻以及稳压二极管就是为了起到限压作用的。如果系统使用 3.0～3.6 V 工作电压,那么就可以不需要这些电阻和稳压二极管,可以直接将 IO 连到 USB 的 D＋和 D－上,但是保留电阻和稳压二极管可以提高系统的抗干扰性能。在使用 USB 5 V 电源供电时,如果系统电压是 3.3 V,则可以使用 LDO 降压。如果对电压的精度要求不高,还可以通过串联二极管进行降压(使用两个正向压降 0.7 V 左右普通二极管或者导通电压在 1.6 V 左右的 LED 都是常用方法)。

外部石英晶体振荡器的使用和正常情况没有什么区别,主要的振荡器频率有一些要求,不能任意使用不同频率的振荡器。早期版本的 AVRUSB 只能使用 12 MHz 频率的晶体,而现在版本的 AVRUSB 支持 12 MHz、15 MHz、16 MHz、20 MHz、12.8 MHz、16.5 MHz(12.8 MHz 和 16.5 MHz 是针对某些带有高精度 RC 振荡器和 PLL 功能的 AVR 单片机,经过校准后 RC 振荡器的频率精度可以满足 USB 通信的要求)等多种频率。

对于一些型号的 AVR 单片机,数据手册中标称最高只能使用 8 MHz 或 10 MHz 的时钟。但是在大多数情况下,使用 12 MHz 甚至 16 MHz/20 MHz 的时钟频率单片机也可以长期稳定运行,这其实也是一种超频。

4.4　软件架构

4.4.1　基本说明

　　AVRUSB 除了有一个简单易用的硬件结构，也提供了一个完善的软件结构，用户只要在这个软件框架上添加自己的代码就可以实现各种 USB 通信功能。在 AVRUSB 中，软件主要分为两个部分：AVRUSB 固件函数和用户接口函数。固件就是 AVRUSB 项目提供的基本底层代码，实现 USB 通信的各种基础功能，这部分用户无需修改，直接加入到项目中使用。固件提供了很少几个函数，需要在主程序中调用。用户接口函数主要是 USB 事件处理，进行数据传输或参数设置，实现用户的各种功能。对于用户接口函数部分，AVRUSB 只提供了基本的框架，用户需要在函数中添加自己的代码才能实现各种功能。用户无须干预 AVRUSB 的运行，固件函数会自动调用用户接口函数。主要的固件函数：

> usbInit：初始化；
> usbPoll：USB 事件轮询；
> usbCrc16：USB 数据校验。

用户接口函数部分被封装成下面几个主要的函数：

> usbFunctionSetup：SETUP 事件处理；
> usbFunctionWriteOut：中断和 bulk – out 设备的数据处理；
> usbFunctionWrite：控制方式传输数据；
> usbFunctionRead：控制方式返回数据；
> usbSetInterrupt：中断方式传递消息。

更多函数可以参考文件 usbdrv.h/usbdrv.c 的代码和相关例程。

　　不同版本的 AVRUSB 的函数和代码稍有不同，但是整体流程和处理方式是类似的。首先使用固件函数 usbInit 初始化 USB 接口，然后在主程序的循环中不断调用函数 usbPoll 进行 USB 事件查询。固件函数内部会根据不同的状态调用用户函数 usbFunctionSetup、usbFunctionWrite、usbFunctionRead，用户需要在这 3 个函数中处理 USB 通信事件，完成数据接收、分析、处理、发送等功能。用户的主要工作就是在这 3 个函数中添加自己的代码，加入需要的功能。在最简单的情况下（数据量非常小，只有几个字节），使用函数 usbFunctionSetup 就可以完成基本的 USB 通信，这时需要将 usbFunctionSetup 的返回值设置为 0，avrush 固件函数将不会调用 usbFunctionWrite/usbFunctionRead 函数。

　　此外，还有两个有用的宏 usbDeviceConnect() 及 usbDeviceDisconnect()。

　　这两个宏可以实现不将 USB 设备从 USB 插座中取出而重新进行设备连接，对于程序功能调试时非常方便。

4.4.2 AVRUSB 的程序文件结构

对于任何一个 AVRUSB 项目,文件的组织方式都是类似的。使用 AVRUSB 的项目,其中的文件通常分为这么几大类:

> AVRUSB 底层驱动文件;
> AVRUSB 参数配置文件(usbconfig. h);
> 用户程序文件。

通常 AVRUSB 项目的源文件是按照目录结构存放的,AVRUSB 的底层驱动文件放在项目文件夹的 usbdrv 子文件夹下,这些文件不需要进行任何修改和配置,可以直接从其他 AVRUSB 项目的源文件中或者 AVRUSB 的官方文件中复制过来使用。

使用 AVRUSB 的项目,底层驱动文件部分是相同的,不同之处在于参数配置文件和 USB 事件处理部分。参数配置文件包含了硬件 IO 配置、设备名称、设备 ID (VID/PID)、设备类型等重要参数,每个 AVRUSB 项目都需要一个参数配置文件,默认的 AVRUSB 参数配置文件是 usbconfig. h。在 usbdrv 文件夹中有一个文件 usbconfig - prototype. h,它是参数配置文件的模板,可以将这个文件复制并改名为 usbconfig. h,然后再修改其中的参数。虽然配置文件可以使用任意文件名,也可以放在任意文件夹中,但是习惯上都使用了 usbconfig. h 这个文件名,并放在项目文件的根目录下,或者放在主程序文件所在的文件夹中,这样方便对项目维护。AVRUSB 的代码使用了很多技巧,使得程序在不同 AVR 单片机上移植时无须修改主程序,所有需要进行的改动都在配置文件 usbconfig. h 中,如果读者能够研究一下它的源代码,一定会有很多收获的。

对于用户程序,就没有什么限制了,可以根据个人习惯和项目实际情况的进行灵活配置。

AVRUSB 的底层驱动文件的列表、目录结构和文件功能说明如下(以 20120109 版为例,不同版本的文件可能会稍有不同,但是主要部分是一样的):

usbdrv		AVRUSB 驱动文件的文件夹
	|— asmcommon. inc	不同时钟频率下共用的汇编程序代码
	|— Changelog. txt	版本修改记录
	|— CommercialLicense. txt	商用授权说明(注意 AVRUSB 开源但并不是免费的)
	|— License. txt	授权声明
	|— oddebug. c	调试模式程序文件
	|— oddebug. h	调试模式程序头文件
	|— Readme. txt	说明文件
	|— USB - ID - FAQ. txt	关于 USB ID 号的常见问题解答
	|— USB - IDs - for - free. txt	免费 ID 的使用说明

```
|—  usbconfig - prototype. h    配置文件的模板文件
|—  usbdrv. c                   驱动文件的主文件
|—  usbdrv. h                   驱动文件的头文件
|—  usbdrvasm. S                USB 底层驱动的汇编代码
|—  usbdrvasm. asm              usbdrvasm. S 的别名文件,为了兼容 IAR
|—  usbdrvasm12. inc            *. inc 都是针对不同时钟频率的汇编底层驱动程序
|—  usbdrvasm128. inc           文件名后面的数字代表了时钟频率
|—  usbdrvasm15. inc
|—  usbdrvasm16. inc
|—  usbdrvasm165. inc
|—  usbdrvasm18 - crc. inc
|—  usbdrvasm20. inc
|—  usbportability. h           为兼容不同编译器而定义的头文件
```

4.4.3　参数配置

　　每个 AVRUSB 项目都需要有一个参数配置文件,用于声明 USB 数据线 D+/D—的 IO、上拉电阻 IO(可选)、USB 轮询时间、供电方式、设备最大功耗(mA)、设备 ID 号(VID/PID)、设备名称等。最重要的是修改硬件 IO 声明,因为不同系统的硬件连接方式往往各不相同,而其他参数使用默认值不会影响使用,所以可以在需要时再进行修改。在文件 usbconfig. h 中对每个参数都有详细的描述(一些主要参数配置说明如表 4-1 所列),修改时最好先仔细查看,清楚它的含义和用途后再修改。

表 4-1　主要参数的配置说明

宏	说　　明
USB_CFG_IOPORTNAME	D+/D—信号使用的端口
USB_CFG_DMINUS_BIT	D—信号连接的 IO 端口序号
USB_CFG_DPLUS_BIT	D+信号连接的 IO 端口序号
USB_CFG_CHECK_CRC	是否计算 CRC 校验
USB_CFG_PULLUP_IOPORTNAME	可选的上拉电阻端口
USB_CFG_PULLUP_BIT	可选的上拉电阻端口序号
USB_CFG_IS_SELF_POWERED	设备是否自供电
USB_CFG_IMPLEMENT_FN_WRITE	是否调用 usbFunctionWrite()函数
USB_CFG_IMPLEMENT_FN_READ	是否调用 usbFunctionRead() 函数
USB_CFG_DRIVER_FLASH_PAGE	USB 驱动程序在 Flash 中页面数,按照 64K 计算

宏	说　明
USB_CFG_VENDOR_ID	设备的 VID
USB_CFG_DEVICE_ID	设备的 PID
USB_CFG_DEVICE_VERSION	设备版本号
USB_CFG_VENDOR_NAME	设备厂商名称,不支持中文和特殊字符
USB_CFG_VENDOR_NAME_LEN	设备厂商名称长度
USB_CFG_DEVICE_NAME	设备名称,不支持中文和特殊字符
USB_CFG_DEVICE_NAME_LEN	设备名称长度
USB_CFG_SERIAL_NUMBER	设备序列号(可选)
USB_CFG_INTERFACE_CLASS	USB 设备类型 CDC:2 HID:3

4.4.4　使用 AVR Studio 创建 AVRUSB 项目

AVRUSB 使用 AVRGCC 编译,在默认情况下(官方程序),它是通过命令行方式进行编译的,通过修改 makefile 编译配置文件进行项目参数的设置。这是 AVR 单片机比较常用的开发方式之一,也是 Linux 下常用的方法,但是这对于初学者和习惯在 Windows 下的开发者来说会带来一些困难,同时也不方便调试。

在 Windows 下我们通常使用 AVR Studio 作为 IDE 进行编程和软件调试,使用 WinAVR 或者 AVR Toolchain 作为编译器(它们都使用了 AVRGCC 内核),所以也可以在 AVR Studio 中编辑、修改、编译、调试 AVRUSB 项目。因为在 AVRUSB 中没有介绍 AVR Studio 的相关内容,也很少有相关的介绍文档,所以下面就介绍使用 AVR Studio 软件管理 AVRUSB 项目的使用方法。

➢ 首先,将 AVRUSB 下面的 usbdrv 文件夹中的所有文件复制到项目文件夹中,并保持文件夹名称和目录结构不变,不需要修改任何文件。

➢ 将 usbdrv 子文件夹中的文件 usbconfig - prototype. h 复制到项目文件夹中,并改名为 usbconfig. h,然后再修改文件中的相关参数的设置。

➢ 在 AVRStudio 中创建新项目,指定上面的目录为项目的文件夹。

➢ 创建主程序,并添加用户代码(这个演示例子程序直接使用了 avrusb 附带的例程 custom - class)。

➢ 添加上面的文件到项目中,分别添加.C 文件和.h 文件到不同分类。

➢ 在项目属性中设置时钟频率。

➢ 在项目的包含目录属性中(include directories)添加 usbdrv 目录。

图 4 - 7～图 4 - 9 介绍了新建项目、添加文件以及参数设置的过程。

图 4-7　在 AVR Studio 中建立新项目

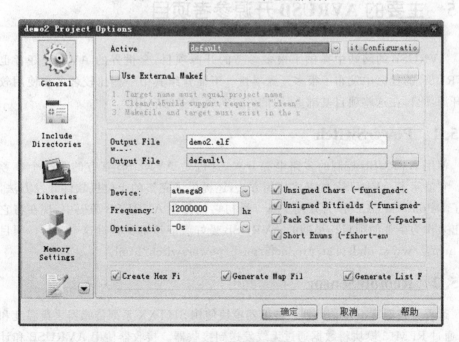

图 4-8　需要添加的文件

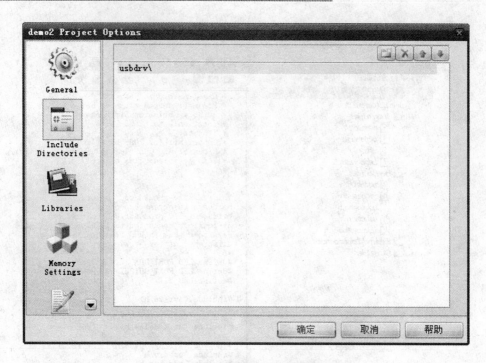

图 4 - 9　项目的参数设置

4.5　主要的 AVRUSB 开源参考项目

AVRUSB 的网站中提供了很多参考的开源项目,全世界的 AVR 爱好者也在 AVRUSB 的社区中发布了很多开源项目。下面介绍其中一些比较著名和使用较多的开源项目,在这些项目基础上,我们可以实现更多的应用。

4.5.1　PowerSwitch

使用 AVRUSB 控制的多路电源开关,这也是 AVRUSB 官方的第一个参考项目。它演示了 AVRUSB 的基本使用方法,还提供了完整的上位机软件开发方法,使用了 Delphi7 和 GCC 作为开发工具。最初它包含在 AVRUSB 源码中,现在将它独立出来作为单独的项目。早期的 AVRUSB 爱好者应该都试验过这个项目。项目网址:http://www.obdev.at/products/vusb/powerswitch.html。

4.5.2　RemoteSensor

远程无线温度湿度传感器。传感器模块使用 SHTXX 系列传感器采集温度和湿度,通过 RFM12 模块将数据通过无线发送到接收器。接收器使用 AVRUSB 和计算机通信,可以管理多个无线传感器。在计算机上还可以通过网页将数据显示出来(需要安装 PHP)。项目网址:http://www.obdev.at/products/vusb/remotesensor.html。

4.5.3　HIDKeys

使用 HID 方式的 USB 小键盘,功能和标准 USB 接口的键盘相同,非常适合用于只需要少数特定按键的应用。例程提供了带有 17 个按键的例子,它使用 IO 口直接读取按键的状态。但是实际上它支持更多的按键(如使用键盘扫描法读取键盘),也可以实现组合按键。项目网址:http://www.obdev.at/products/vusb/hidkeys.html。

4.5.4　BootloadHID

它是使用 AVRUSB 时最常用的 Bootloader 之一,是基于 HID 方式的,所以无须安装驱动程序,在 Windows 和 Linux 下都能直接使用,使用起来非常方便。

这个项目包括了完整的上位机软件代码,使用 GCC 开发,在 Windows 下可以使用 MinGW 或 Dev－C＋＋进行开发和编译。虽然这个 Bootloader 功能比较少,但是提供了完整的基本框架,读者可以在此基础上自行修改和增加新的功能,比如文件加密和更新 EEPROM。项目网址:http://www.obdev.at/products/vusb/bootloadhid.html。

4.5.5　EasyLogger

简易的数据记录仪。它也使用了 HID 键盘方式和主机通信,可以在记事本或者 EXCEL 中记录下外部输入电压的数值。它使用了 ATTiny45 的内部高精度 RC 振荡器,这样可以将外部振荡器占用的 IO 口作为通用 IO 使用,这对于少引脚的 AVR 单片机(如只有 8 个引脚,6 个 IO 的 ATTiny45)很有意义。通过这个项目还可以了解 RC 振荡器的校准方法。项目网址: http://www.obdev.at/products/vusb/easy-logger.html。

4.5.6　AVR－CDC

基于 AVRUSB 的 USB 串口转换器利用 AVRUSB 实现 USB 到串口的转换,支持硬件 UART 和软件 UART(针对没有硬件串口的 AVR 单片机)。很多其他 AVRUSB 项目也使用了 AVR－CDC 来实现 USB 转换串口。在早期的版本中,AVR－CDC 的波特率是固化的,不能动态修改,目前的版本中可以动态修改串口参数。

AVR－CDC 需要至少 2 KB 的 Flash 以及 128 字节的 SRAM。在 Windows7、Mac OS X 和 Linux 下无须安装驱动,在 Windows XP 下需要安装附带的驱动程序。

目前这个项目还新增加了 CDC－IO 和 CDC－SPI 两个子项目,可以实现通过串口命令控制 IO 和 SPI,相信读者也可以在此基础上增加出 CDC－I2C 和更多的功能。项目网址:http://www.recursion.jp/avrcdc/cdc－232.html。

4.5.7 AVR - Doper

基于 AVRUSB 的 STK500 编程器,这应该是使用最多的 AVRUSB 项目之一了。它使用了 AVR - CDC 来模拟出一个虚拟串口,然后再使用 STK500 协议对其他 AVR 单片机进行编程,支持 AVR Studio 软件。完整的设计带有接口电平转换和高压编程功能(在简化的设计中,这些功能往往被省略掉),也可以直接使用另一个历史更久的开源编程器 USBAsp 的硬件。很多 AVR 爱好者都 DIY 过这个项目,或者是它的简化版。项目网址:http://www.obdev.at/products/vusb/avrdoper.html。

上面是比较著名的几个 AVRUSB 开源项目。更多的参考设计可以在 AVRUSB 的社区资源中找到,目前社区中已经有超过 100 个不同的参考设计,涉及无线通信、电波钟、USB 键盘、无线鼠标、Bootloader、LCD 显示、传感器、游戏手柄、电吉它等许多不同的应用,并且数量和应用范围还在不断增加中。通过这些设计,不但可以对我们使用 AVRUSB 提供很多参考和帮助,而且可以开阔视野,有些参考设计甚至稍微修改一下就是一个完整的项目了。AVRUSB 爱好者都应该去看一看,如果有好的创意和创新也可以在此发布出来,和世界各地的爱好者进行交流。AVRUSB 社区资源的网址是:http://www.obdev.at/products/vusb/prjall.html。

4.6 AVRUSB 的应用实例

下面通过几个简单的例子介绍 AVRUSB 的具体使用,方便读者快速掌握其基本用法。

AVRUSB 支持多种 USB 连接方式,包括 HID、CDC、自定义设备等,连接方式不同,通信的方式也有所不同。USB 通信涉及单片机和计算机软件两个部分,例如使用 HID 方式时,因为目前主流的操作系统都集成了 HID 驱动,所以不需要安装任何文件,就可以在 Windows/Linux/MacOS 等系统上直接使用,甚至无须编程就可以直接从单片机发送数据到计算机。使用 AVRCDC 方式时,在 Win2K/WinXP 下需要安装一个简单的驱动,Win Vista/Windows7 下可以无须安装驱动(这是指操作系统是标准的 Windows,如果是精简版的 Windows 有可能还需要复制必要的驱动文件才能使用)。这种方法看起来稍微麻烦一些,但是因为它使用了虚拟串口进行通信,而串口在计算机上是最常用和编程最简单的通信接口,所以在需要上位机编程时反而最简单。使用自定义设备类型时,这种方式最灵活,可以实现更加复杂的功能,能够根据用户的要求进行定制,对于有特别要求的用户比较适合,但是它需要开发者对单片机编程和计算机软件编程都很熟悉,还需要编写或开发专用的驱动程序,所以使用上也最复杂。

因为本书主要介绍单片机部分的编程和使用方法,而不是介绍关于计算机 USB 接口的编程,所以下面的例子就只介绍 HID 和 CDC 两种方式。这两种方式也是最常用的方式,在不同操作系统下上位机软件的编程和使用也比较通用和简单。更多的使用方法可以参考 AVRUSB 的源码、文档以及社区中的各种开源项目。

4.6.1 使用 HID 方式显示数据

在一些应用中,只需要简单地在计算机上显示一些中间过程的数据或者特定信息,不需要双向通信,如显示时间、温度、计数器数值等,但是又不希望安装复杂的驱动程序,或者编写复杂的上位机软件,这时可以使用 USB 的 HID 设备方式将需要显示的数据直接发送到计算机上。因为是使用 HID 类设备,系统已经集成了相关的驱动程序,所以无须安装驱动程序,也不需要编写上位机软件进行通信,只需要打开 Windows 的记事本软件,或者任何一个文本编辑器,就可以显示出运行结果。这种方法的本质就是模拟 USB 键盘,自动输入数据,然后在屏幕上显示出来。使用 HID 方式还有一个好处是设备容易识别,不容易出错(AVRUSB 使用 HID 方式时兼容性最好,某些型号的计算机主板对于 AVRUSB 的其他 USB 通信方式有时不能正确识别设备)。

下面是一个简单的 HID 发送数据的例子,如图 4-10 所示。在这个例子中,ATmega8 单片机每秒采集一次温度传感器 DS18S20 的数据,然后通过 USBHID 方式将数据发送到计算机上。整个例子在开源项目 HIDKeys 的基础上进行修改,修改了数据发送函数,扩充了更多的按键值,并增加了 1-Wire 的驱动程序,用于读取温度传感器 DS18S20 的数据。为了显示方便,先将温度数据转换为字符串,然后通过 USB 发送到计算机。

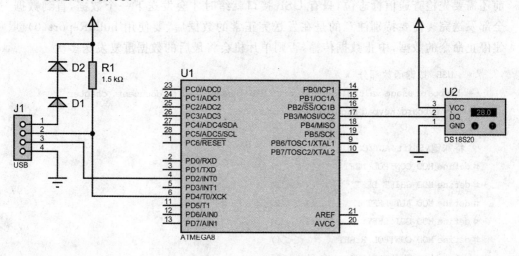

图 4-10 HID 发送数据实例电路

1. 参数配置

对于 HID 类的 USB 设备,在参数配置文件 usbconfig.h 中除了需要定义硬件

IO 的设置外,还需要设置 HID 设备的参数。需要修改的参数如下:

```
// usbconfig.h 的参数配置部分
# define USB_CFG_DEVICE_CLASS        0
# define USB_CFG_DEVICE_SUBCLASS 0
# define USB_CFG_INTERFACE_CLASS       0x03      /* HID class */
# define USB_CFG_INTERFACE_SUBCLASS    0         /* no boot interface */
# define USB_CFG_INTERFACE_PROTOCOL    0         /* no protocol */
# define USB_CFG_HID_REPORT_DESCRIPTOR_LENGTH     35
```

2. 参考代码

这个例子是从 HIDKeys 修改而来的。在 HIDKeys 的例子中,因为是针对小键盘的应用,所以函数中只提供了很少几个键值,甚至不包括数字和常用字母,因此还需要对键值进行扩充,这样才能包含常用的 ASCII 字符和数字,方便显示。原来的例子针对按键应用的情况,每次只发送一个字符,所以这里还做了一点修改,可以发送一个字符串,方便显示用户的数据。下面的代码显示了程序主要的部分,完整代码请在光盘中查找。(关于 DS18S20 的温度函数 SimpleReadTemperature、1 - Wire 总线部分的说明以及使用方法请参考本书后面章节的介绍和 MAXIAM 公司 1 - Wire 器件的相关文档。)

使用 AVRUSB 的 HID 方式传递数据时,基本用法是在需要发送数据时先使用 buildReport 函数创建数据缓冲区,然后通过函数 usbSetInterrupt 发送数据。发送前还需要先检查通信标志位,只有 USB 接口就绪时才会发送下一个数据,直到数据全部发送完。需要特别注意的是在发送完正常的数据后,要使用 buildReport(0)创建停止命令的数据,中止数据传输,否则单片机会将最后的数据重复发送多次。

```
/*  USB  按键函数部分 */
/* Keyboard usage values, see usb.org's HID - usage - tables document, chapter
 * 10 Keyboard/Keypad Page for more codes.
 */
// 特殊键:Shift/ALT/Ctrl
# define MOD_CONTROL_LEFT     (1<<0)
# define MOD_SHIFT_LEFT       (1<<1)
# define MOD_ALT_LEFT         (1<<2)
# define MOD_GUI_LEFT         (1<<3)
# define MOD_CONTROL_RIGHT    (1<<4)
# define MOD_SHIFT_RIGHT      (1<<5)
# define MOD_ALT_RIGHT        (1<<6)
# define MOD_GUI_RIGHT        (1<<7)
// USB 数据中按键对应键值
# define KEY_A        4
```

```
#define KEY_B          5
#define KEY_C          6
#define KEY_D          7
#define KEY_E          8
#define KEY_F          9
#define KEY_G          10
#define KEY_H          11
#define KEY_I          12
#define KEY_J          13
#define KEY_K          14
#define KEY_L          15
#define KEY_M          16
#define KEY_N          17
#define KEY_O          18
#define KEY_P          19
#define KEY_Q          20
#define KEY_R          21
#define KEY_S          22
#define KEY_T          23
#define KEY_U          24
#define KEY_V          25
#define KEY_W          26
#define KEY_X          27
#define KEY_Y          28
#define KEY_Z          29
// 数字
#define KEY_1          30
#define KEY_2          31
#define KEY_3          32
#define KEY_4          33
#define KEY_5          34
#define KEY_6          35
#define KEY_7          36
#define KEY_8          37
#define KEY_9          38
#define KEY_0          39
// 特殊功能键
#define KEY_CR         0x28
#define KEY_ESC        0x29
#define KEY_DEL        0x2A
#define KEY_TAB        0x2B
#define KEY_BK         0x2C
```

```
# define KEY_SUB        0x2D
# define KEY_EQU        0x2E
# define KEY_CAPS       0x39
# define KEY_DOT        0x37
# define KEY_COMMA      0x36
# define KEY_SEMI       0x33
# define KEY_QUO        0x34
# define KEY_BS         0x4C
# define KEY_HOME       0x4A
# define KEY_END        0x4D
# define KEY_INS        0x49
# define KEY_PGUP       0x4B
# define KEY_PGDN       0x4E
# define KEY_UP         0x52
# define KEY_DN         0x51
# define KEY_LEFT       0x50
# define KEY_RIGHT      0x4F
# define KEY_BKS        0x31
# define KEY_SLA        0x38
# define KEY_LBRA       0x2F
# define KEY_RBRA       0x30
# define KEY_GRA        0x35
// ASC 码顺序存储按键数据,前面是功能键,后面是 ASC 码
static const uchar  keyReport[NUM_KEYS + 1][2] PROGMEM = {
/* none     */  {0, 0x00},                      /* no key pressed */
/*   01:SOH */  {0, 0x00},
/*   02:STX */  {0, 0x00},
/*   03:ETX */  {0, 0x00},
/*   04:EOT */  {0, 0x00},
/*   05:ENQ */  {0, 0x00},
/*   06:ACK */  {0, 0x00},
/*   07:BEL */  {0, 0x00},
/*   08:BS  */  {0, KEY_BS},
/*   09:HT  */  {0, KEY_TAB},
/*   0A:LF  */  {0, 0x00},
/*   0B:VT  */  {0, 0x00},
/*   0C:FF  */  {0, 0x00},
/*   0D:CR  */  {0, KEY_CR},
/*   0E:SO  */  {0, 0x00},
/*   0F:SI  */  {0, 0x00},
/*   10:DLE */  {0, 0x00},
/*   11:DC1 */  {0, 0x00},
```

```
/*   12:DC2  */  {0, 0x00},
/*   13:DC3  */  {0, 0x00},
/*   14:DC4  */  {0, 0x00},
/*   15:NAK  */  {0, 0x00},
/*   16:SYN  */  {0, 0x00},
/*   17:ETB  */  {0, 0x00},
/*   18:CAN  */  {0, 0x00},
/*   19:EM   */  {0, 0x00},
/*   1A:SUB  */  {0, 0x00},
/*   1B:ESC  */  {0, KEY_ESC},
/*   1C:FS   */  {0, 0x00},
/*   1D:GS   */  {0, 0x00},
/*   1E:RS   */  {0, 0x00},
/*   1F:US   */  {0, 0x00},
/*   20:SP   */  {0, KEY_BK},
/*   21:!    */  {MOD_SHIFT_LEFT, KEY_1},
/*   22:"    */  {MOD_SHIFT_LEFT, KEY_QUO},
/*   23:#    */  {MOD_SHIFT_LEFT, KEY_3},
/*   24:$    */  {MOD_SHIFT_LEFT, KEY_4},
/*   25:%    */  {MOD_SHIFT_LEFT, KEY_5},
/*   26:&    */  {MOD_SHIFT_LEFT, KEY_7},
/*   27:´    */  {0, KEY_QUO},
/*   28:(    */  {MOD_SHIFT_LEFT, KEY_9},
/*   29:)    */  {MOD_SHIFT_LEFT, KEY_0},
/*   2A:*    */  {MOD_SHIFT_LEFT, KEY_8},
/*   2B:+    */  {MOD_SHIFT_LEFT, KEY_EQU},
/*   2C:,    */  {0, KEY_COMMA},
/*   2D:-    */  {0, KEY_SUB},
/*   2E:.    */  {0, KEY_DOT},
/*   2F:/    */  {0, KEY_SLA},
/*   30:0    */  {0, KEY_0},
/*   31:1    */  {0, KEY_1},
/*   32:2    */  {0, KEY_2},
/*   33:3    */  {0, KEY_3},
/*   34:4    */  {0, KEY_4},
/*   35:5    */  {0, KEY_5},
/*   36:6    */  {0, KEY_6},
/*   37:7    */  {0, KEY_7},
/*   38:8    */  {0, KEY_8},
/*   39:9    */  {0, KEY_9},
/*   3A::    */  {MOD_SHIFT_LEFT, KEY_SEMI},
/*   3B:;    */  {0, KEY_SEMI},
```

```
/*  3C:<   */  {MOD_SHIFT_LEFT, KEY_COMMA},
/*  3D:=   */  {0, KEY_EQU},
/*  3E:>   */  {MOD_SHIFT_LEFT, KEY_DOT},
/*  3F:?   */  {MOD_SHIFT_LEFT, KEY_SLA},
/*  40:@   */  {MOD_SHIFT_LEFT, KEY_2},
/*  41:A   */  {MOD_SHIFT_LEFT, KEY_A},
/*  42:B   */  {MOD_SHIFT_LEFT, KEY_B},
/*  43:C   */  {MOD_SHIFT_LEFT, KEY_C},
/*  44:D   */  {MOD_SHIFT_LEFT, KEY_D},
/*  45:E   */  {MOD_SHIFT_LEFT, KEY_E},
/*  46:F   */  {MOD_SHIFT_LEFT, KEY_F},
/*  47:G   */  {MOD_SHIFT_LEFT, KEY_G},
/*  48:H   */  {MOD_SHIFT_LEFT, KEY_H},
/*  49:I   */  {MOD_SHIFT_LEFT, KEY_I},
/*  4A:J   */  {MOD_SHIFT_LEFT, KEY_J},
/*  4B:K   */  {MOD_SHIFT_LEFT, KEY_K},
/*  4C:L   */  {MOD_SHIFT_LEFT, KEY_L},
/*  4D:M   */  {MOD_SHIFT_LEFT, KEY_M},
/*  4E:N   */  {MOD_SHIFT_LEFT, KEY_N},
/*  4F:O   */  {MOD_SHIFT_LEFT, KEY_O},
/*  50:P   */  {MOD_SHIFT_LEFT, KEY_P},
/*  51:Q   */  {MOD_SHIFT_LEFT, KEY_Q},
/*  52:R   */  {MOD_SHIFT_LEFT, KEY_R},
/*  53:S   */  {MOD_SHIFT_LEFT, KEY_S},
/*  54:T   */  {MOD_SHIFT_LEFT, KEY_T},
/*  55:U   */  {MOD_SHIFT_LEFT, KEY_U},
/*  56:V   */  {MOD_SHIFT_LEFT, KEY_V},
/*  57:W   */  {MOD_SHIFT_LEFT, KEY_W},
/*  58:X   */  {MOD_SHIFT_LEFT, KEY_X},
/*  59:Y   */  {MOD_SHIFT_LEFT, KEY_Y},
/*  5A:Z   */  {MOD_SHIFT_LEFT, KEY_Z},
/*  5B:[   */  {0, KEY_LBRA},
/*  5C:\   */  {0, KEY_BKS},
/*  5D:]   */  {0, KEY_RBRA},
/*  5E:^   */  {MOD_SHIFT_LEFT, KEY_6},
/*  5F:_   */  {MOD_SHIFT_LEFT, KEY_SUB},
/*  60:`   */  {0, KEY_GRA},
/*  61:a   */  {0, KEY_A},
/*  62:b   */  {0, KEY_B},
/*  63:c   */  {0, KEY_C},
/*  64:d   */  {0, KEY_D},
/*  65:e   */  {0, KEY_E},
```

```
/*    66:f    */   {0, KEY_F},
/*    67:g    */   {0, KEY_G},
/*    68:h    */   {0, KEY_H},
/*    69:i    */   {0, KEY_I},
/*    6A:j    */   {0, KEY_J},
/*    6B:k    */   {0, KEY_K},
/*    6C:l    */   {0, KEY_L},
/*    6D:m    */   {0, KEY_M},
/*    6E:n    */   {0, KEY_N},
/*    6F:o    */   {0, KEY_O},
/*    70:p    */   {0, KEY_P},
/*    71:q    */   {0, KEY_Q},
/*    72:r    */   {0, KEY_R},
/*    73:s    */   {0, KEY_S},
/*    74:t    */   {0, KEY_T},
/*    75:u    */   {0, KEY_U},
/*    76:v    */   {0, KEY_V},
/*    77:w    */   {0, KEY_W},
/*    78:x    */   {0, KEY_X},
/*    79:y    */   {0, KEY_Y},
/*    7A:z    */   {0, KEY_Z},
/*    7B:{    */   {MOD_SHIFT_LEFT, KEY_LBRA},
/*    7C:|    */   {MOD_SHIFT_LEFT, KEY_BKS},
/*    7D:}    */   {MOD_SHIFT_LEFT, KEY_RBRA},
/*    7E:~    */   {MOD_SHIFT_LEFT, KEY_GRA},
/*    7F:     */   {0, 0x00},
};
// 创建 USB 报告
static void buildReport(uchar key)
{
/* This (not so elegant) cast saves us 10 bytes of program memory */
    *(int *)reportBuffer = pgm_read_word(keyReport[key]);
}
uchar    usbFunctionSetup(uchar data[8])
{
usbRequest_t    *rq = (void *)data;
    usbMsgPtr = reportBuffer;
    if((rq->bmRequestType & USBRQ_TYPE_MASK) == USBRQ_TYPE_CLASS){    /* class
request type */
        if(rq->bRequest == USBRQ_HID_GET_REPORT){   /* wValue: ReportType
(highbyte), ReportID (lowbyte) */
            /* we only have one report type, so don't look at wValue */
```

```
            buildReport(keyPressed());
            return sizeof(reportBuffer);
        }else if(rq->bRequest == USBRQ_HID_GET_IDLE){
            usbMsgPtr = &idleRate;
            return 1;
        }else if(rq->bRequest == USBRQ_HID_SET_IDLE){
            idleRate = rq->wValue.bytes[1];
        }
    }else{
        /* no vendor specific requests implemented */
    }
    return 0;
}


/* 主函数部分 */
int main(void)
{
    wdt_enable(WDTO_2S);
    hardwareInit();
    usbInit();
    sei();
    PINDIR(SS, PIN_INPUT);
    PINSET(SS);
    for(;;){     /* main event loop */
        wdt_reset();
        usbPoll();

        // 检查定时器溢出标志
        if((TIFR & (1<<OCF1A)))
        {
            // 清除标志位
            TIFR |= (1<<OCF1A);
            if(PININ(SS))
            {
                // 设置数据发送标志位
                flag = 1;
                cnt = 0;
                // 读取温度
                envTemp = DS1820_SimpleReadTemperature(OWI_PIN2);
                // 处理符号位
                if(envTemp < 0)
                {
```

```
            envTemp =  - envTemp;
            s[0] = '-';
        }
        else
        {
            s[0] = '+';
        }
        // 进行数值换算
        envTemp = envTemp * 5;
        s[1] = envTemp/1000 + '0';
        envTemp =  envTemp % 1000;
        s[2] = envTemp/100 + '0';
        envTemp =  envTemp % 100;
        s[3] = envTemp/10 + '0';
        s[4] = '.';
        s[5] = envTemp % 10 + '0';
        s[6] = '\r';
        s[7] = 0;
    }
}
if(flag && usbInterruptIsReady())
{
    if(s[cnt])
    {
        // 创建正常数据
        buildReport(s[cnt]);
        cnt ++;
    }
    else
    {
        // 字符串发送完成,发送停止命令
        flag = 0;
        buildReport(0);
    }
    // 发送一个字符
    usbSetInterrupt(reportBuffer, sizeof(reportBuffer));
}

    }
    return 0;
}
```

4.6.2 使用 CDC 方式通信

使用 HID 方式显示数据的好处在于无须安装驱动,对不同操作系统的适应性好。如果要求不高(如只需要单向传送少量数据),甚至可以不用编写上位机软件就能获取数据。但是如果需要实现更多的功能,需要从计算机发命令到单片机,还是需要通过相关 API 函数或者调用其他库文件的方式编写复杂的上位机软件,所以这种方法还是比较复杂的。

串口通信是使用更广泛的一种设备通信的方式。它编程简单,控制方便,是使用最广泛的工业通信接口之一,因此很多时候都会使用串口对设备进行控制。大部分编程语言也支持串口通信,有非常多的控件、API 函数或者 DLL 文件等可以使用,甚至可以不用编写上位机软件,直接使用超级终端、串口助手、Turbocom 等这样的串口通信软件进行数据发送和显示。

AVRCDC 是一种使用 AVRUSB 技术实现 USB 转换串口的方法或技巧,使用它可以将 AVR 单片机变为计算机的一个虚拟串口设备。这个虚拟串口和我们通常使用的标准串口一样,可以使用串口控件、API 函数、库文件、串口软件进行操作,这样就可以将通过 USB 访问 AVR 单片机的方式变为普通的串口操作。因为串口相关的资源非常多,所以使用 AVRCDC 也就非常方便。

使用 AVRCDC 有多种用法。例如,如果将虚拟串口和 AVR 单片机的硬件串口关联起来,它就是一个 USB 串口转换器,可以实现 USB 转串口功能;如果和 SPI 或 I²C 接口关联起来,就是一个 USB 到 SPI 或 I²C 的转换器,可以读取或控制各种 SPI/I²C 芯片;如果和 AVR 单片机的不同功能模块相关联,就是可以实现 USB 对各种功能模块的控制或者转换,如 USB 读取/设置 IO、USB 控制 PWM 的占空比、USB 控制定时器、USB 接口的 ADC 采集器等。在 AVRUSB 的各种应用中,有相当一部分都是与 AVRCDC 相关的。

下面介绍通过 AVRCDC 进行传输数据的方法,并着重介绍 AVR 单片机部分的配置和使用方法。因为上位机部分使用了最常用的串口,而串口的编程和使用是比较容易的,所以上位机部分就不用再重复了,读者可以使用任何现有的串口软件(如串口助手、超级终端、Turbocom 等),或者编写自己的控制软件。

1. 参数配置

对于 CDC 类 USB 设备的参数配置方法和其他 AVRUSB 程序的参数类似,需要在 usbconfig.h 中设定硬件 IO,并将设备指定为串口设备。除了硬件 IO 部分的参数,其他主要需要修改的参数如下:

```
// usbconfig.h 的参数配置部分
#define USB_CFG_DEVICE_CLASS         2      /* set to 0 if deferred to interface */
#define USB_CFG_DEVICE_SUBCLASS      0
```

```
/* See USB specification if you want to conform to an existing device class.
 * Class 0xff is "vendor specific".
 */
#define USB_CFG_INTERFACE_CLASS      2        /* CDC class */
#define USB_CFG_INTERFACE_SUBCLASS   2        /* Abstract (Modem) */
#define USB_CFG_INTERFACE_PROTOCOL   1        /* AT - Commands */
```

如果使用 AVRStudio 作为 IDE 进行开发,注意在项目属性中去掉常规设置中的默认数据属性选项,否则在 USB 设备和计算机连接时会出现错误。

2. 串口通信相关函数

AVRCDC 中建立了一个简单而完善的 USB 通信机制,可以自动处理串口接收和发送。默认情况数据的接收发送都使用环形缓冲区,需要发送时直接调用发送函数将数据放入缓冲区,AVRCDC 自动通过内部机制进行发送;接收到数据时也是自动存入缓冲区,只需定时查询缓冲区或者在接收函数中设置标志位。用户主要工作是修改或者添加新的功能函数进行数据解析和处理,就可以快速实现自己的 USB 转串口功能。因此,建立自己的项目时可以通过修改 AVRCDC 项目的代码实现,这样比从头开始要简单快速,也不容易出错。

在标准的 AVRCDC 参考项目中,与串口通信相关的地方有两处:串口接收和串口发送,AVRCDC 已经将它们封装在两个函数中,开发者只需要对这两个函数进行操作和修改,就可以实现实现自己的功能。

> out_char,发送一个字节的数据到数据缓冲区。如果需要发送多个字节的数据,可以多次调用 out_char 函数。在单片机需要发送数据到计算机时,可以在任何需要的地方调用这个函数。AVRCDC 中使用了环形数据缓冲区方式暂存待发送的数据,默认的缓冲区大小是 256 字节,因此一次发送的数据不要超过 256。函数 out_char 只是将需要发送的数据放入缓冲区中暂存,并不负责数据的发送。main 函数主循环部分的代码会自动检查缓冲区中是否有数据需要发送,当环形缓冲区中存在需要发送的数据时则自动发送,一次发送最多发送 8 个字节的数据,数据较多时自动分多次发出。

在一些 AVRCDC 的项目中,没有 out_char 函数,也没有使用环形缓冲区。这是因为串口部分的编程有多种方法,不同的开发者有着不同的编程习惯,开发者可以按照自己的方式对串口部分进行操作;但是最基本的处理机制还是一样的,只是数据发送使用了另外的函数。

> usbFunctionWrite 或 usbFunctionWriteOut。这两个函数实现的功能类似,参数也是一样的,只是一个是针对控制传输模式,一个针对终端 1 的中断传输模式,它们都可以实现数据的接收,AVRCDC 在这个函数中处理接收到的虚拟串口数据。这个函数有两个参数: * data、len,前一个是数据缓冲区,后一个是数据的数量。需要处理接收到的串口数据时,可以在这个函数中进

行,这个函数有点类似于单片机的串口接收中断服务程序,因此可以使用和传统方法类似的方式对数据进行分析和处理。

上面两个函数就是 AVRCDC 和用户接口的部分,而 AVRCDC 内部对串口数据的处理机制,通常情况下无须我们修改和干预。

3. 例子 1

这个例子和 USBHID 的例子功能类似,都是先采集温度,然后通过 USB 接口发送给计算机。为了方便对比,这个例子使用了和上一个例子中 HID 设备相同的硬件,只是将通信方式由 HID 改为了虚拟串口,其他保持不变。单片机每秒采集一次温度数据,然后通过 USB 发送到计算机,因为使用了虚拟串口方式,所以可以使用超级终端或其他串口软件直接查看数据。这个例子只使用了串口发送函数,没有对串口接收的数据进行解析。

这个项目是在 AVRCDC 的基础上修改而来,加入了温度传感器芯片 DS18S20 的函数,usbconfig. h 中的参数在前面已经介绍,就不再重复列出了。主要添加或修改的用户代码如下:

主程序部分:

```
// 发送一个字符串
void out_str(char * s)
{
  while( * s)
  {
    out_char( * s);
    s ++ ;
  }
}
// 这个例子不需要数据接收功能,因此去掉了原有的串口数据分析功能
// 但是需要函数保持原有的基本结构
void usbFunctionWriteOut( uchar * data, uchar len )
{
    /*    postpone receiving next data        */
    usbDisableAllRequests();
    /*    host ->device:  request    */
    do {
        char    c;
    } while( -- len);
    usbEnableAllRequests();
}
```

main 函数中,数据发送部分:

```
// 查询定时器溢出标志位
if((TIFR & (1<<OCF1A)))
{
    // 清除硬件标志位
    TIFR |= (1<<OCF1A);
    // 读取传感器的温度
    envTemp = DS1820_SimpleReadTemperature(OWI_PIN2);

    // 处理符号位
    if(envTemp < 0)
    {
        envTemp = - envTemp;
        s[0] = '-';
    }
    else
    {
        s[0] = '+';
    }
    // 进行数值换算
    envTemp = envTemp * 5;
    // 转换数据为字符串
    s[1] = envTemp/1000 + '0';
    envTemp = envTemp % 1000;
    s[2] = envTemp/100 + '0';
    envTemp = envTemp % 100;
    s[3] = envTemp/10 + '0';
    s[4] = '.';
    s[5] = envTemp % 10 + '0';
    s[6] = '\r';
    s[7] = '\n';
    s[8] = 0;

    // 发送数据
    out_str(s);
}
```

4. 例子 2

上面一个例子演示了数据发送的方法,这个例子演示 AVRCDC 的数据收发处理。这个例子使用了和上面相同的硬件,因此硬件参数是相同的。这个例子的功能和 AVR 通用 Bootloader 中串口测试程序 test 的功能是一样的,正常情况下单片机每秒向虚拟串口发送一个字符,默认发送的字符是'＞'。如果用户通过计算机向虚拟串口发送新的数据,那么单片机发送的数据也变为新的数据。可以在任何串口软件中(例如超级终端上)观察和输入数据。如果单片机的发送功能正常,那么超级终端上可以显示不断接收到数据;如果单片机的接收功能正常,超级终端上显示的数据就会改变,因此这个程序可以用来测试系统硬件串口的收发功能是否正常。下面是主要参考代码。

在 main. c 中:

```
// 数据接收
void usbFunctionWriteOut( uchar * data, uchar len )
{
    /*   postpone receiving next data      */
    usbDisableAllRequests();
    /*    host - > device: request      */
    do {
        char    c;
        // 在这里处理接收到的数据
        // 功能简单时直接在这里编写代码,功能复杂时可以编写另外的函数
        cnt    = * data++;
    } while( -- len);
    usbEnableAllRequests();
}
```

下面的代码实现每秒发送一个数据的功能,它在 main 函数的大循环中,定时器1每秒产生一次溢出信号,然后调用 out_char(cnt) 函数发送数据。

```
//定时器溢出
if((TIFR & (1<<OCF1A)))
{
    TIFR | = (1<<OCF1A);
    out_char(cnt);
}
```

4.6.3 基于 AVRUSB 的 STK502 编程器

AVRUSB 可以实现 USB 转串口的功能,而 STK502 编程器使用了串口作为命令接口,所以利用 AVRUSB 可以方便地制作出兼容 STK502 的 AVR 编程器。基于 AVRUSB 的 STK502 编程器有多个版本,其中最著名的一个就是开源项目 AVR - doper。

1. 参考电路图

图 4 - 11 是一个简化了的使用 AVRUSB 的 STK502 编程器,是开源项目 AVR - Doper 的简化版本。为了更容易说明 AVRUSB 部分的功能,这里只保留了 USB 接口和编程接口部分的电路,去掉了电平转换、端口保护电路、升压电路、高压编程等

功能,这也是 AVR 业余爱好者 DIY 时常用的一个电路。如果想做一个功能完善、带有良好保护电路的 STK502 编程器,可以参考 AVRUSB 的开源项目 AVRDoper,它提供了详细的原理图和完整的代码。

图 4-11 中 XS1 作为编程接口,使用了标准的 6 芯接口方式,通过它可以对其他单片机进行编程(XS1 也可以使用 10 芯的接口方式)。如果将 P1 使用短路块连接,那么这个接口也可以作为外部编程器对单片机 U1 的编程接口,方便升级单片机的程序,或者写入 Bootloader、改变熔丝位等。

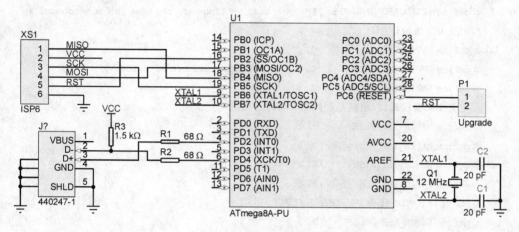

图 4-11　使用 AVRUSB 的 STK502 编程器电路

讲解这个例子有几个好处,首先是这个例子非常实用,可以快速做出非常实用的 AVR 编程器,而且可以直接在 AVRStudio 软件中使用,非常方便;其次这个例子需要的元件不多,比较容易制作,而且调试简单,只要连线正确,并且将代码正确写入芯片就能使用。

2. 参数配置

因为 AVR-doper 这个项目已经提供了完整的参考程序,所以只需要拿过来修改一下参数就能使用(主要就是 USB 接口 D+ 和 D- 部分的参数和编程接口的定义)。如果希望在 AVR Studio 中编辑和修改项目,可以参考前面介绍的方法在 AVR Studio 中创建项目文件。随书光盘中提供了一个建立好的例子,供读者参考和直接使用。步骤如下:

先把网上下载(随书光盘中有这个项目的文件)的 AVR-Doper 文件解压缩(注意解压缩的目录不要有中文或者其他特殊字符,避免编译时出现错误),项目的源文件就在子目录 firmware 中。

和其他 AVRUSB 项目的参数设置不同,这个项目的参数配置稍微有一点特殊,它不是直接修改参数配置文件 usbconfig. h,而是修改另外一个硬件配置文件 hardware. h。打开文件 hardware. h 找到下面代码段后,就可以根据说明修改对应的参数：

```
/* The following defines can be used with the PORT_ * macros from utils.h */
//这一行选择硬件,1 代表使用 USBASP 硬件方式
# define USBASP_HARDWARE        1
# if USBASP_HARDWARE           /* USBasp hardware from www.fischl.de/usbasp/ */
# undef ENABLE_HVPROG
# define ENABLE_HVPROG         0
# define METABOARD_HARDWARE    1   /* most settings are the same as for metaboard */
//定义 LED 指示灯接口
# define HWPIN_LED             C, 1
# define HWPIN_ISP_SUPPLY1     C, 3       /* these pins are NC on USBasp */
# define HWPIN_ISP_SUPPLY2     C, 4
//定义 ISP 编程端口,也就是硬件 SPI 端口
# define HWPIN_ISP_RESET       B, 2
# define HWPIN_ISP_MOSI        B, 3
# define HWPIN_ISP_MISO        B, 4
# define HWPIN_ISP_SCK         B, 5
//USB 接口,DPLUS 代表 D + ,DMINUS 代表 D -
# define HWPIN_USB_DPLUS       D, 2
# define HWPIN_USB_DMINUS      D, 4
# define HWPIN_ISP_TXD         D, 0
# define HWPIN_ISP_RXD         D, 1
# define HWPIN_JUMPER          C, 2
# elif METABOARD_HARDWARE    /* Metaboard hardware from www.obdev.at/goto? t = metaboard */
```

这里的参数配置是对应图 4 - 12,读者可以根据自己使用的单片机和具体硬件电路修改上面的参数。最主要的参数就是上面深色背景表示的参数,它们分别对应 LED 指示、ISP 编程接口、USB 接口等。修改并保存参数后,重新编译整个项目,最后下载到单片机中就可以进行编程测试了。

如果有旧的 USBasp 编程器硬件,则无须改动硬件就可以将其改造成 STK502 编程器。USBasp 是开源项目 AVRDoper 出现之前比较有名的一个开源 USB 编程器项目,可以对 AVR 单片机编程。它使用 avrdude 等软件作为上位机编程软件,可以在 Windows 和 Linux 操作系统中使用,但是不能用于 AVR Studio 软件中,因为它的驱动使用了 libusb,而不是 STK500 的串口方式。而 avrdoper 兼容 STK502,使用起来更加方便,支持的软件多,兼容性更好,实用性也更强。改造 USBasp 的方法和上面类似,就不再重复了。

如果使用 BootloadHID 配合 AVR - Doper,效果更好。用户可以随时通过 USB 升级编程器固件程序,或者改变程序的功能。

4.7 AVRUSB 的优点

AVRUSB 具有很多优点:

> 硬件结构非常,需要的外围元件少,成本低,制作容易。

> 占用硬件资源少,只占用了 2 个普通 IO 和 1 个外部中断。

> 软件模拟 USB 通信协议,固件代码小于 2 KB,几乎所有的 AVR 单片机都可以使用。

> 在不同型号的 AVR 单片机上移植非常简单,只需要修改参数配置文件,而无须修改 USB 通信驱动部分程序的代码。

> 有完善的软件架构,用户开发难度小。

> 支持 HID、CDC、自定义类别等多种 USB 设备方式,使用 HID 方式时无须安装驱动。

> USB 通信支持中断传输和控制传输等多种模式。

4.8 AVRUSB 的使用限制

虽然 AVRUSB 使用起来很方便,但是也存在一些限制:

> 需要占用一个外部中断(通常是 INT0,也可以使用其他外部中断,这时需要修改参数配置文件末尾的部分代码)。

> 时钟频率必须是 12 MHz/12.8 MHz/15 MHz/16 MHz/16.5 MHz/18 MHz/20 MHz中的一种,不能使用其他的频率。

> 因为 USB 通信对时序要求比较严格,所以系统时钟频率误差必须小于 0.2%(因此通常使用外部石英晶体振荡器。对于 ATtiny45 等几个特殊型号可以使用内部高精度 RC 振荡器,但是需要先校正)。

> USB 通信时,对 CPU 的占用率很高,这时可能会影响到其他任务的正常运行。

> 受 MCU 性能的限制,USB 通信时数据的传输速率比较低,不适合大量数据传送。

> 虽然 AVRUSB 是开源项目,并提供了全部的原理图和源代码,但它并不是完全免费的,对于商业使用需要获取商业授权。

4.9 AVRUSB 使用中的常见问题

下面列举了几个在使用 AVRUSB 中容易出现的几个问题,并给出了解决方法。

4.9.1　安装 CDC 驱动失败的问题

在一些精简版的 Windows 系统中,安装 AVRDoper 或者 CDC 设备的驱动时会失败。主要原因是这些精简版的 Windows 系统删除了一些不常用的驱动程序,其中就包括了 CDC 类设备的驱动文件,这样在安装 AVRDoper 驱动时就会缺少必要的相关系统驱动文件,使得驱动安装失败。

通常情况都是因为缺少了 usbser. sys 文件,它是一个 Windows 系统提供的 USB 串口驱动程序,只要从其他计算机中复制或者网络中下载这个文件(本书光盘的例程中也有这个文件),并复制到驱动文件的目录中或者 Windows\system32\Drivers 目录下,然后再重新安装驱动一般就会成功。

还有一个可能是杀毒软件的防火墙或者 HIPS(主动防御)功能等阻止了驱动程序安装,这时只需要先暂时禁止防火墙,等驱动安装完成后再允许防火墙即可。

如果以上方法还不能解决问题,则可以打开 Windows 目录下的安装记录文件 setupapi. log,查看驱动安装失败的原因,再根据具体原因查找解决办法。

4.9.2　计算机无法识别 USB 设备的问题

可能遇到 AVRUSB 设备在有的计算机上使用正常,在有的计算机上无法正常识别的问题。这个问题往往与 AVRUSB 的 USB 数据线的接口电平有关。在使用电阻＋稳压二极管或者二极管串联方式降压时,因为元件参数的误差和离散性,使得接口电平的幅度可能会稍微偏出标准范围,就可能出现这个现象。这个问题也和计算机主板上 USB 接口芯片有关,某些主板的 USB 接口芯片电平范围容差小,或者 USB 输出电压不稳,就很容易出现这个问题。在使用 LDO 稳压或者外部供电产生稳定 3.0~3.3 V 的 VCC 电压时,就很少出现这个现象。

此外,如果使用了质量较差的 USB 线,也很容易出现这个问题。因为劣质的 USB 线电阻大、插头触点接触不良,使得电源上压降大,信号传输时也容易变形,就比较容易引起数据传输错误,出现这个现象。找不出原因时,有时换一个质量好的 USB 线往往就可以解决问题。质量较差的 USB 插座也会引起这个问题,这种插座内部的簧片因为弹性不好以及表面氧化很容易造成接触不良,使得设备工作不稳定或者无法识别。

使用 AVRUSB 时,HID 类设备的兼容性最好。在有些计算机上不能正确识别 AVRCDC 等设备,但是可以识别 HID 设备。

4.9.3　设备可以识别但是运行不正常的问题

这个问题主要是 USB 通信时数据传输错误或者误码率太高造成的。问题产生的原因也有多种,如 USB 插头部分接触不良、劣质 USB 线造成信号传输时变形、时钟频率偏差大、元器件温度特性差、电源上的干扰信号等,需要根据不同原因分析解决。

此外还有一个重要因素,因为 AVRUSB 在通信时对 CPU 占有率很高,所以默认情况下是不计算 CRC 校验的(CRC 计算也相对比较慢)。在一般情况下可能没有太大问题,但是在存在较强干扰的环境下使用时,一旦通信中数据传输时出现错误,特别是关键数据错误,就可能使设备工作不正常。因此即使因为考虑运行性能而不进行 CRC 校验,也最好在用户数据中加上一个简单而快速的累加和校验或异或校验。

4.10　AVRUSB 的授权方式

AVRUSB 是开源的,其代码是在 GNU GPL 2 或 GNU GPL 3 方式发布的,只要遵循许可,任何人都可以下载并使用;但这并不代表它是完全免费的。对于需要在商业产品中使用 AVRUSB 时,需要获得 OBJECTIVE DEVELOPMENT 公司的授权,这需要缴纳一定的费用。授权有 3 种方式:

➢ 业余制作授权:可以制作不超过 5 个硬件设备,这些设备不允许进行销售。

➢ 普通授权:可以制作不超过 150 个硬件设备。

➢ 专业授权:针对大批量制作硬件设备,在不超过 10 000 个硬件设备时可以任意使用。超过 10 000 个设备时,对超出部分单独收取 0.1 欧元/台。

得到授权后,还可以从 OBJECTIVE DEVELOPMENT 公司获取 USB 设备的专用 PID(VID 有两个可选的),否则只能使用公用的 PID/VID。详细的授权说明和费用请参考相关文档。

4.11　AVRUSB 的相关资源

绝大部分 AVRUSB 的相关资源都可以在 AVRUSB 的官方网站上找到,包括官方发布的代码、社区资源、参考项目等。

官方网站:http://www.obdev.at/vusb/

软件下载:http://www.obdev.at/products/vusb/download.html

参考项目:http://www.obdev.at/products/vusb/prjobdev.html

社区:http://www.obdev.at/products/vusb/projects.html

论坛:http://forums.obdev.at/viewforum.php? f=8

专题五

Bootloader

5.1 概述

  在单片机的应用中,Bootloader 是一个非常有用的技巧。很多人都知道并使用过 Bootloader,但是也有很多人没有使用过它,或对它缺少深入了解。Bootloader 是什么呢?从字面的翻译,是启动时加载的意思,也就是说,它是系统在运行用户程序之前预先加载的一段程序,是在用户程序之前先运行的一小段程序,常用于系统自检、系统加密、用户程序升级、程序完整性校验(检测 Flash 中的程序是否损坏或被修改)、参数配置等,而其中用户程序升级是 Bootloader 最主要的用途之一。所以我们在单片机中提到 Bootloader 的时候,往往就是指程序的在线升级。

  为什么要通过 Bootloader 进行程序升级呢,或者说使用 Bootloader 有什么好处呢?一般情况下,我们都是使用专用编程器或者通用编程器将用户程序写入单片机,这是设备生产时常使用的方法。但是当设备出厂后(单片机已经安装到设备中),如果再想通过编程器去编程,就需要将带有单片机的控制板拆卸下来才行,这样是非常不方便的。如果将单片机的编程接口(如 JTAG 口或 ISP 接口)引出来,虽然也可以进行编程,但是这样往往会不够安全,不但系统容易被破解,而且更重要的是因为编程接口引出来后容易引入干扰信号,直接影响到单片机的内核部分,从而影响到系统的稳定性,这样也容易因为用户的误操作而损坏芯片。此外编程接口的引出线一般也不能太长(线缆的长度与接口方式、数据速率等因素有关),否则在编程过程中数据传输时容易出现误码,使得编程失败。此外使用编程器需要专业人员才能操作,需要较强的专业知识。相比之下,使用 Bootloader 就简单、方便和安全多了,通常只需要使用串口就可以将需要升级的程序下载到单片机中,升级完成后自动运行新的程序,操作上简单方便,也不容易引起其他问题。升级时使用 Bootloader,还可以将目标代

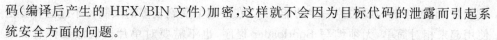

码(编译后产生的 HEX/BIN 文件)加密,这样就不会因为目标代码的泄露而引起系统安全方面的问题。

此外,远程升级也是 Bootloader 的一个非常重要和实用的应用,通过 RS485、CAN、电话线、无线 Modem、以太网、电力载波、RF 通信等多种方式,远程更新用户程序。这样不但方便实用,而且极大地节约了维护成本。

其实日常生活中,在很多电子产品中我们都可以看到 Bootloader 的应用,比如 MP3/MP4 的固件升级、计算机 BIOS 的升级、手机操作系统的升级等,它们也是一种 Bootloader。它们和单片机的 Bootloader 原理类似,功能也差不多,只是因为使用了更复杂的控制器芯片,所以使用上也更加复杂,功能也更多。

5.2　Bootloader 的原理

要实现 Bootloader 的升级功能是需要一定的条件的,不是每个单片机都能够支持这个功能的。早期的单片机大多都不支持 Bootloader 功能,而现在的单片机系统,无论哪个厂家的芯片,中高端的型号通常都可以支持。要实现 Bootloader 功能,对单片机的基本要求就是能够自编程,就是能够通过用户程序控制修改 Flash 中的内容。这样就能够通过一定方式,将需要升级的程序下载到单片机,再利用自编程功能将新程序写入到 Flash,替换旧的程序,就完成了程序的更新或升级。

从这个角度上看,Bootloader 其实也是一个程序,为了实现升级的功能,它需要在用户程序运行之前就先运行,然后根据一定的触发条件(比如特定 IO 端口的电平、串口命令、特定的时序、EEPROM 中的标志位等),判断是运行已有的用户程序或者是进入 Bootloader 模式。当单片机进入 Bootloader 模式后,就会根据需要去执行一些特殊功能。如果是执行软件升级,那么通常就需要做这么几个操作:获取新程序、擦除 Flash 块、将新程序写入 Flash。因为 Flash 空间一般远大于 RAM 空间,比如 AVR 单片机的 RAM 大小通常是 1～4 KB,而 Flash 的大小是 8～64 KB,所以需要一边传递数据一边更新部分 Flash 空间;当新程序全部写入 Flash 后,就完成了程序的升级。如果要执行程序完整性校验,通常就是将 Flash 空间的用户程序部分读取出来,再按照一定方式计算校验值(如累加和、异或、CRC 校验等),最后将计算结果和预存的校验值进行比较。

Bootloader 的具体使用方法与单片机有关,同一种单片机也可以有多种不同的使用方式,不同的单片机也可能会使用类似的方式。有的单片机将 Bootloader 固化在单片机内部,用户不能修改,只能通过特定方式使用;有的单片机在出厂时,Flash 内部写入了默认的 Bootloader 程序,但是用户可以再次修改;更多的微控制器则是带有 Bootloader 功能,但是需要用户自行编写并下载 Bootloader 程序后才能使用。单片机内部固化的 Bootloader 一般功能都比较简单,只能进行程序更新,而且只能使用特定的软件进行升级,使用上不够灵活。因为它不能按照用户的要求进行修改或配置,也无法增加或去掉一些功能,所以在使用上受到较多的限制。不过这种方法使用起来相对简单,无须编写 Bootloader 程序,也不需要对单片机底层硬件有深入了解,很快就能操作,比较适合初学者。相比之下,用户可以修改的 Bootloader 就显得很灵活,功能更多,可以根据实际需要进行修改,适合不同的应用场合,所以这样的 Bootloader 使用更加广泛。但是也正因为这种方法太灵活,所以这种 Bootloader 使用起来相对比较复杂,需要了解更多硬件、接口、系统等各方面的知识。而且除了单片机底层 Bootloader 程序部分,往往还需要编写计算机的上位机软件进行配合,所以需要有一定经验的用户才能很好地应用,这也是初学者往往觉得困难的主要原因。AVR 单片机内部没有固化 Bootloader 程序,也没有默认的 Bootloader 程序,需要用户先写入 Bootloader 程序,并配置好熔丝位、加密位,然后才能使用。

不同的单片机有着不同的硬件结构,因此对于 Bootloader 的使用也不完全相同。从硬件结构上看,AVR 单片机的 Bootloader 是目前最好用的 Bootloader 之一,因为它不需要对用户程序进行任何改动,不需要对用户的中断向量重定位或迁移。也就是说,Bootloader 部分和用户程序之间相互独立,互不影响,对于用户程序来说是完全透明的,运行时完全可以不考虑。这是因为 AVR 单片机给 Bootloader 设置了专用的 Boot 区,可以充分保护用户程序。而 Microchip、FreeScale、8x51 等单片机,因为没有这样的硬件结构,就需要对用户程序做一定的设置或修改,如保留 Bootloader 程序的空间、重定位中断向量、迁移用户程序地址,有时还要修改链接脚本文件,相比之下使用起来就复杂多了。

无论在哪种单片机上,串口都是使用 Bootloader 时最常用的通信接口。这是因为串口(包括 RS232、RS485、RS422、TTL、USB 转串口等,它们都是类似的)是单片机和计算机上最常用的外设,也是使用最广泛的工业通信接口。而且串口的使用非常简单,没有复杂的控制时序、逻辑关系和特殊协议,所以一般情况下,单片机的 Bootloader 都是通过串口传输数据的。实际上,Bootloader 也可以通过 SPI、I^2C、USB 等其他任何接口传输数据,这只需要修改通信接口部分就能实现。不过因为计算机上通常只有串口和 USB 接口,再加上单片机上 Flash 空间大小的限制,不能使用太复杂的程序以免占用过多的程序空间,所以在使用其他通信方式时,往往也都是先通过串口或 USB 进行转换的。

不支持自编程功能的单片机是不能实现 Bootloader 功能的,但即使有自编程功能也不一定可以支持 Bootloader 功能。虽然 AVR 单片机都支持自编程功能,但是对于 AVR Tiny 系列的单片机和部分其他型号的 AVR 单片机,因为在硬件上没有留出 Boot 区域(因为这类单片机属于一般低成本系列,缩减了一些功能,Flash 空间也比较小),所以不能直接使用 Bootloader。

使用或编写 Bootloader 时,基本原则是稳定可靠,在出现异常情况下造成升级失败时能够恢复到升级前状态,或者能够可靠地再次进入升级模式,直到升级成功;否则,升级失败时就会造成系统死机,或出现其他难以预料的情况,带来很多问题。

我们经常可以在网上或论坛中看到一些报道,说有的用户在升级(刷机)某个 MP3/MP4/手机系统时失败,结果变成了"砖头",这就是因为它内部的 Bootloader 程序不够完善,程序里面有缺陷,在升级失败后或者特定条件下无法恢复,这时通常只能返修,在维修点使用专用编程器将系统程序重新烧写到芯片中才能解决问题了。在日常生活遇到这种情况,一般只会带来一些不便,还不会引起太大问题;如果是在工业应用上,特别是一些重要场合遇到这样的情况,可能就会引发事故,甚至会造成很大损失了。

5.3 AVR 单片机 Bootloader

使用灵活而又功能强大的 Bootloader,是 AVR 单片机的一大特点。除了 Tiny 系列的 AVR 单片机因为架构问题不支持硬件 Bootloader 外,绝大部分 Mega 系列和其他系列的 AVR 单片机都是支持硬件 Bootloader 的,包括许多很老型号的 AVR 单片机也是如此。大部分 AVR 单片机的数据手册都介绍了关于 Bootloader 和自编程方面的内容,但是都不太详细,只简单地介绍了自编程特性和相关指令,没有详细介绍具体的使用方法。在应用笔记中虽然也介绍了几种 Bootloader,但是说明还是比较简单,而且使用上不够方便。

在 AVR 单片机中,Tiny 系列和少数 Mega 系列不支持硬件 Bootloader 功能(硬件 Bootloader 是指芯片内部 BOOTRST 和 BOOTSZ 熔丝,Flash 空间中有专门的 Boot 区)。对于不支持硬件 Bootloader 功能的 AVR 单片机,只要支持自编程功能(几乎所有的 AVR 单片机都支持自编程功能),实际上还是可以通过一些技巧实现软件的;但是软件方式的 Bootloader 的限制相对较多,也没有硬件 Bootloader 安全可靠,它不是主流用法,所以这里就不去多介绍了。下面介绍的 Bootloader 都是基于硬件方式的,不涉及软件方式(网上有关于 ATmega48 单片机实现软件方式 Bootloader 的文章,ATMEL 的应用笔记《AVR112》中也有介绍使用 TWI 接口的软件 Bootloader,需要深入了解的读者可以自行参考)。

这一章后面的部分将详细介绍 AVR 单片机 Bootloader 的原理、使用方法、常见问题和一些需要注意的问题,同时也给出了修改 Bootloader 的方法和建议。

5.3.1 AVR 单片机的 Flash 结构

介绍 Bootloader 之前,我们先介绍 AVR 单片机内部 Flash 的结构。因为 Bootloader 需要直接对 Flash 进行操作,所以需要对 Flash 的结构、单片机以及对 Flash 的管理方式有一个清晰的了解,才能用好 Bootloader。

和很多其他厂商的单片机类似,AVR 单片机的 Flash 是一个完整、地址连续的空间,地址从 0x0000 开始,以字(word,占用 2 个直接)为单位进行编码。通常情况下,上电/复位后程序也是从 0x0000 处开始执行。AVR 单片机 Flash 的容量规格和其他单片机类似,从数百字节到 256 KB,大小是 2^n。和大部分单片机以及专用 Flash 存储芯片一样,AVR 的 Flash 空间也是按照页的方式进行管理的,擦除时必须整页一次性擦除,但是可以按字节/字方式读取或写入(写入只能是针对没有写过的空间)。页面的大小也不是固定不变,它与 AVR 单片机的 Flash 大小有关,通常 Flash 越大的型号,页面的大小也越大。

和很多单片机不同,AVR 单片机的 Flash 又可以分为两个部分,Read – While – Write 区(写入的时候可以读取,简称为 RWW 区)和 No Read – While – Write(写入的时候不能读取,简称为 NRWW 区)。图 5 – 1 显示了 RWW 区和 NRWW 区在 Flash 中的位置和关系。

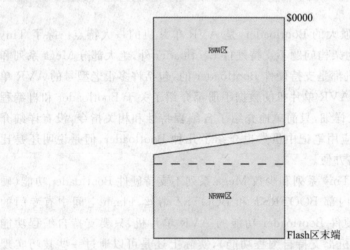

图 5 - 1　两个区在 Flash 中的位置和关系

RWW 是 Read – While – Write 的简称,特点是在 Flash 写入的时候可以读取;NRWW 是 No Read – While – Write 的简称,代表写的时候不能读取。RWW 区和 NRWW 区都是整个 Flash 区的一部分,基本功能是一样的,都可以保存和运行用户程序和数据。但是它们也有一些不同:

➢ 对 RWW 区内的页进行擦除或写操作时可以读 NRWW 区。

➢ 对 NRWW 区内的页进行擦除或写操作时,CPU 停止工作。

擦除/写入 RWW 区的页面时可以访问(读取)NRWW 区的内容,但是不能读取 RWW 的内容,否则会发生未知错误;而擦除/写入 NRWW 页面时,CPU 是停止工作的,直到擦除/写入过程完成。那么这就是说,放在 NRWW 区的程序,在更新 RWW 区的内容时,还可以同时进行其他的处理,但是反过来就不行。所以 RWW 区通常保存用户程序,而 Bootloader 软件通常是存放在 NRWW 区的。如果在运行时还需要保存一些数据到 Flash 空间,通常也会放到 RWW 区中。RWW 区和 NRWW 区还可以分别设置不同熔丝位进行保护,用来保护里面的内容不被修改或读取。

对一个特定的 AVR 单片机而言,RWW 区和 NRWW 区的大小是固定的,具体的大小参数在每个型号 AVR 单片机的数据手册中有详细说明。RWW 区在 Flash 的前面,而 NRWW 区总是位于 Flash 区的最后面。一般情况下,我们并不需要关心这两个区域的大小和内部的分配,需要重点关心的是 BootLoader 区及其相关的设置。图 5-2 显示了 BootLoader 区、用户程序区、RWW 区和 NRWW 区的位置和关系。

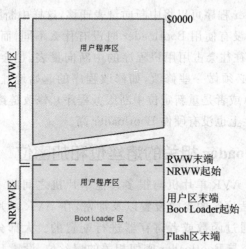

图 5-2 AVR 单片机的 FLash 结构示意图

除了 RWW 区和 NRWW 区外,AVR 单片机还有一个很独特、与其他单片机都不太一样的特点就是可以在 Flash 的 NRWW 区中单独划分出一个 BootLoader 区。Bootloader 区是从 Flash 空间的末端往前划分的,它的大小总是小于或等于 NRWW 区的(默认情况下是相等的)。Bootloader 程序总是存放在这个单独划分出的 Boot-Loader 区中,而 BootLoader 区总位于 NRWW 区中;用户程序则总是从 0x0000 开始(RWW 区),可以延续到 NRWW 区(但是在使用熔丝位对 RWW 区和 NRWW 区保护时,用户程序就最好不要延伸到 NRWW 区)。如果在熔丝位中设置了 BOOTRST 熔丝位,那么在复位后系统就不是从 0x0000 开始运行,而是从 Bootloader 区的起始地址开始运行。BootLoader 区的大小可以通过 BOOTSZ 熔丝位进行选择,Boot-Loader 区最大的大小就是 NRWW 区的大小。目前绝大部分 AVR 单片机都使用了 2 个熔丝位(BOOTSZ0 和 BOOTSZ1)配置 BootLoader 区的大小,也就是说可以选择 4 种不同的大小。BootLoader 区的大小总是从 Flash 的最末端往前计算,选择了不同大小的 BootLoader 区后,BOOTRST 对应的复位地址也不同。实际的地址是:

$$BOOTRSTADDR = FLASHEND - BOOTSZ + 1$$

其中,BOOTRSTADDR 是单片机复位后复位向量对应的地址(也就是软件开始运行的地址),FLASHEND 是 Flash 的结束地址,BOOTSZ 是 BootLoader 区的大小。

NRWW 区是 AVR 的一个特点,可以看成针对 Bootloader 而专门设置的一个硬件保护区;在这个区域会对用户程序有一定限制,从而保护 Bootloader 程序。在 51

单片机、PIC18、PIC24 单片机和 HCS08 单片机等系列中,它们的 Flash 空间从硬件上不能划分为两个区,不能将 Bootloader 程序放在单独的 Bootloader 区运行,没有对 Bootloader 的硬件保护,所以它们没有像 AVR 这样的硬件 Bootloader 模式,只能使用类似 AVR 软件方式的 Bootloader。使用 AVR 的硬件 Bootloader 时,用户程序在运行时不受 Bootloader 的影响,起始地址还是从 0x0000 开始运行,中断向量表也不需要迁移(Bootloader 程序可以将中断向量表迁移,这样中断服务程序不会发生冲突),在编写代码时和没有使用 Bootloader 时没有什么不同;而使用软件方式 Bootloader 时,Bootloader 往往会占用用户程序的中断向量表,也会占用用户程序空间,所以用户程序通常都必须做一些修改,如修改程序的起始地址(将程序空间整体偏移)、中断向量表偏移(或者是重新定位中断服务程序)、修改链接脚本文件等,使用起来就复杂多了,可靠性上也没有硬件 Bootloader 高。

5.3.2 与 Bootloader 相关的熔丝位和加密位

BootLoader 区是 AVR 单片机与很多其他单片机之间的一个重要区别。对于 Bootloader 区和用户程序区的参数设置以及加密,在 AVR 单片机中是通过熔丝位进行设置的,而不是通过函数或者寄存器进行配置的。大部分支持 Bootloader 的 AVR 单片机都有 3 个与 Bootloader 密切相关的熔丝位:设置 BootLoader 区大小的 BOOTSZ1/BOOTSZ0 熔丝位,以及设置复位向量的 BOOTRST 熔丝位。此外还有控制整个 Flash 空间加密特性的 2 组(一共 4 位)加密位,分别用于控制 RWW 区和 NRWW 区。

1. BOOTRST 熔丝位

通常情况下,AVR 单片机在上电复位后会从地址 0x0000 处开始运行。但是如果编程了 BOOTRST 熔丝位,那么单片机就会从 BOOT 区的地址开始运行,也就是说使用 BOOTRST 熔丝位可以控制复位后程序的运行位置。所以在使用 Bootloader 时,需要先编程 BOOTRST 熔丝位,这样复位后系统就会先从 BOOT 区开始运行,先运行 Bootloader 程序。

BOOTRST 状态	复位地址
1(未编程,默认状态)	单片机复位后,从 0x0000 开始运行,就是直接运行用户程序
0	从 Bootloader 区开始运行,复位后先运行 Bootloader 程序

2. BOOTSZ 熔丝位

使用 BOOTSZ1 和 BOOTSZ0 熔丝位可以指定 BootLoader 区的大小,两个熔丝位一共可以设置 4 种大小。不同 Flash 容量大小的 AVR 单片机,对应的 BootLoader 区大小和可选择的大小也不同;相同 Flash 容量大小的 AVR 单片机,即使型号不同,

BootLoader 区的大小和可选择的范围一般情况下是相同的,也就是说通常它只与 Flash 的大小有关。

如果选择较大的 BootLoader 区,可以放下更大的 Bootloader 程序,实现更多或更复杂的功能(比如 AES 加密);选择较小的 BootLoader 区,则可以留出更多的 Flash 空间给用户程序。

3. 加密位(锁定位)

AVR 单片机还有两组熔丝位用于设置 Flash 空间的加密状态,也可以称为加密位。每组加密位都包含两位,一共有 4 位,用于控制用户程序区和 Bootloader 区,也就是分别控制用户程序和 Bootloader 程序。表 5 - 1 和表 5 - 2 显示了这两组熔丝位的含义。

表 5 - 1　BLB0 保护(对用户程序区的保护)

BLB0 模式	BLB02	BLB01	保护方式
1	1	1	不保护
2	1	0	禁止 SPM 指令写用户区,即禁止更新用户程序(但是可以读)
3	0	0	禁止 SPM/LPM 指令访问用户区,就是禁止读写用户程序
4	0	1	禁止 LPM 指令读取用户区

表 5 - 2　BLB1 保护(对 BOOT 区的保护)

BLB1 模式	BLB12	BLB11	保护方式
1	1	1	不保护
2	1	0	禁止 SPM 指令写 BootLoader 区,即禁止更新 Bootloader 程序本身
3	0	0	禁止 SPM/LPM(读写)访问 Bootloader 区
4	0	1	禁止 LPM 读取 BootLoader 区

使用 Bootloader 时,通常情况下,应当使用 BLB1 的模式 3 或 4,保护 BootLoader 区的 Bootloader 程序不被意外修改或擦除,因为 BootLoader 区可能会存有密钥、加密算法、校验等关键数据,在这种情况下需要禁止用户程序的读访问;禁止写操作可以防止因为干扰等原因造成程序跑飞意外擦除 Bootloader 程序。同时使用 BLB0 的模式 1,允许 Bootloader 更新用户区的程序。这样既可以从逻辑上保证不会因为误操作造成 Bootloader 程序本身被破坏(因为在绝大部分情况下我们不会需要更新 BootLoader 本身,而只会更新用户程序),又可以安全地更新用户程序。

如果希望有更高的安全性,一般还需要编程 LB 熔丝位,禁止通过编程器读取 Flash 的内容。在这种情况下,只能通过编程器擦除整个 Flash 空间(包括了所有的熔丝位和加密位)的方式,才能在清除了 FLash 的内容后再次编程了。

在 AVR 单片机中,熔丝位、加密位在未编程的情况下是 1,编程就是往这些数据位中写 0,这和往 Flash/EEPROM 中编程是一样的。

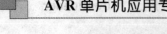

5.4　使用 Bootloader

虽然有很多不同的 Bootloader,但是它们的用法都是大同小异的,通常都需要先将编译好的 Bootloader 程序通过编程器写入单片机,并设置好熔丝位、加密位等,然后再配合上位机软件将用户下载到单片机中;最大的区别可能就在于计算机上软件的使用方法和习惯不同了。

在单片机上运行 Bootloader 程序,通常有两种方法,一是用跳转指令直接跳转到单片机的 Bootloader 程序,另外一个方法就是使单片机复位,这样它再次上电后就会马上从 Bootloader 区开始运行 Bootloader 程序(在设置了 BOOTRST 和 BOOTSZ 熔丝位后)。虽然这两种方法都可以进入 Bootloader,但是还是有一些区别的,主要就是复位后大部分寄存器都是默认的状态,而跳转方式进入 Bootloader,寄存器会保持当前的状态,这就与当前运行的程序有关了。在这样的情况下,最好对使用到的寄存器和看门狗等模块进行适当的设置,避免出现不可预料的情况。

5.5　AVR 通用 Bootloader

前面简单介绍了 Bootloader 的原理和优点,这一节将详细介绍 Bootloader 的使用方法,特别是重点介绍 AVR 通用 Bootloader。读者可以通过它掌握 Bootloader 的使用方法,也可以在此基础上根据实际需要进行修改。

5.5.1　简介

要使用 Bootloader,就需要先将 Bootloader 程序写入 AVR 单片机的 BOOT 区中。网络上可以找到很多关于 AVR 的 Bootloader,有的是国内 AVR 爱好者编写的,有的是国外 AVR 爱好者编写的,或者是 ATMEL 官方的例子。它们之中既有汇编语言的例子,也有各种不同 C 编译器的例子,甚至还有 Basic、Pascal 编译器的例子。它们功能各异,各有特点,但是往往只针对一种或几种特定型号的 AVR 单片机,要想在其他 AVR 单片机上使用,就需要进行一些修改。这对于 AVR 单片机高手而言可能不难,但是对于初学者来说,却是很容易出错的。如果还想进一步增加或修改一些功能,就更加困难了。而且有的 Bootloader 是使用汇编语言写的,改动起来不太方便;有 Bootloader 只提供了编译后的二进制文件,没有提供源代码,就不能根据用户的需要进行修改;有些 Bootloader 虽然提供了源代码,但是逻辑上比较复杂,缺少文档,也比较难以修改;很多 Bootloader 在使用上存在着一些功能限制,只适合在实验室或开发阶段使用,不适合在实际的产品中使用。还有一个比较大的问题就是很多 bootloader 使用起来并不方便,参数设置上比较繁琐,而且计算机上的下载软件往往还是基于命令行方式的,操作上比较复杂,增加了使用的难度(这是因为很多 AVR 的爱好者,特别是国外的爱好者往往是 Linux、MacOS 操作系统的用户, 他们在使用习惯上和 Windows 用户有很大的差别)。因此,虽然网络上的 Bootloader 程序很多,合适的却并不容易找到。

　　AVR 通用 Bootloader 是笔者在几年前学习和使用 AVR 单片机时的一个小作品。因为当时在一个产品中使用了 AVR 单片机,却一时没有找到适合自己使用的 Bootloader 程序。此外,还有一个主要原因是笔者使用了 GCC 编译器,而当时网络上的大部分 Bootloader 程序都是使用 ICC 或 IAR 写的,并不能直接在 AVRGCC 上使用,于是就产生了自己重新写一个的想法。同时也受到 AVRUSB 程序代码风格的影响(AVRUSB 的程序代码写得非常棒,它在程序中使用了很多的宏技巧,只需要在参数配置文件中修改几个简单的宏定义,就可以在不同的 AVR 单片机上运行 AVRUSB,而无须修改主程序代码),而当时流行的 Bootloader 程序中并没有这样方便的程序。很多 Bootloader 程序在使用不同型号的 AVR 单片机后,需要修改的地方比较多,这对于初学者来说是有一定难度的,往往因为个别寄存器设置错误就造成程序编译失败,或者运行时功能不正常。所以笔者就仿照 AVRUSB 的程序风格,将程序移植时需要修改的寄存器、变量等使用宏的方式根据单片机的型号自动进行适应,这样使用起来就很方便了。AVR 通用 Bootloader 最初的程序主框架是在网络上流传的马潮老师 ATmega128 Bootloader 程序的基础上修改而来,再经过多次改进、优化和修正错误,并根据网友的建议增加了一些实用功能后形成的。程序使用 XMODEM 协议通信,除了可以使用 AVR 通用 Bootloader 自带的下载软件外,还支持多种终端软件下载程序(如 Windows 自带的超级终端)。

　　AVR 通用 Bootloader 最初是为了自己使用而开发的,后来出于技术交流的目的,笔者把它发布在博客上、Ouravr 论坛和国外 AVR 著名交流网站 AVR Freaks 上。开始的时候也没有考虑太多,只是想做一个简单的技术交流,没有想到在发布到网上之后,很快就受到国内外网友和一些 AVR 爱好者的欢迎,很多网友提出了各种建议,或者在不同型号的 AVR 单片机下进行了测试,有的网友甚至直接将这个 Bootloader 用在了他的开发板中,当作开发板的程序下载工具。AVR Freaks 上程序的下载次数很快就超过了 5 000(后来因为在更新程序时操作失误,造成了计数值清零),为此 ouravr 的站长阿莫还特意在论坛上为笔者设立了一个专区,方便大家一起讨论和交流 bootloader 使用中的各种问题。很多网友通过 EMAIL 和笔者交流,在笔者的邮箱中有数千封国内外网友和笔者讨论 AVR 通用 Bootloader 的 EMAIL,直到现在,几乎每个月还能收到不同地方的网友讨论关于 AVR 通用 Bootloader 的 EMAIL;热心网友大刘甚至还帮笔者写了使用教程,在此也特别表示感谢。

　　AVR 通用 Bootloadr 还有一个很重要的特点就是支持 Flash 的写入校验功能。我们平时在对单片机或者其他 Flash 芯片写入程序时,无论是使用专用编程器、通用编程器或者是 ISP 在线编程,通常在编程后,编程软件都会重新读取 Flash 中的内容,并将它和原文件进行比较,如果发现 Flash 的内容和缓冲区中的原始内容不同,将会提示编程失败。这是因为在 Flash 的写入过程中,会因为受到外部干扰、电源稳波、Flash 单元老化等多种因素的影响,造成写入的数据变化使得编程失败。如果在 Bootloader 下载过程中出现这个问题,就会使得下载的程序出现错误,运行时将出现无法预料的结果。虽然 Flash 写入出现错误的概率很低,但是一旦出现可能就会造成比较严重的后果。而目前大部分的 Bootloader 程序是不带有 Flash 写入校验功能的,这样就会留下一个安全隐患。AVR 通用 Bootloadr 的 Flash 写入校验功能可以有效避免这个问题,一旦发现校验失败,则自动再次编程;如果多次编程仍然出错,则给出警告,并停止下载。

5.5.2 AVR 通用 Bootloader 的主要特点

和其他一些 Bootloader 相比,AVR 有以下一些特点:
➢ 使用起来简单、方便。
➢ 支持多种型号的 AVR 单片机,改变单片机型号时无须修改程序代码。
➢ 支持多串口的 AVR 单片机,可以使用其中任何一个串口进行下载。
➢ 支持 TTL/RS232/RS485/RS422 模式。
➢ 可以自定义通信波特率和时钟频率,并根据时钟频率自动计算波特率误差。如果波特率误差过大(>2%),将给出编译错误提示。
➢ 完全使用 C 语言编写,容易修改。
➢ 支持功能裁减,适应不同场合的使用要求。
➢ 代码高度优化,占用空间小。
➢ 支持看门狗。
➢ 可以使用 LED 指示升级过程的状态。
➢ 支持 Flash 写入校验,在校验错误时自动重新下载错误的 Flash 块。
➢ 使用 X - MODEM 协议传输数据,在传输中发生错误时支持自动重新发送数据。
➢ 支持加密功能。可选不同的加密算法,可以任意设置加密密钥。
➢ 支持使用超级终端作为上位机下载软件(方便了 Linux 下的用户和不想编写上位机软件的用户)。
➢ 有界面友好、容易使用的上位机程序,上位机软件支持非常实用的自动生成参数文件功能和导入参数文件功能。
➢ 开源,完全免费,没有任何后门、功能限制或内部保留。

5.5.3 软件流程

AVR 通用 Bootloader 的软件框架很简单,软件分为几大部分:联机、数据传输、数据更新、校验等。开始时先判断是否成功联机,成功则进入 Bootloader;然后就是接收数据和 Flash 擦除、更新、校验。为了使程序的结构简单,软件甚至没有使用任何中断,这样也就无须迁移中断向量表。因为不使用中断,所以在使用定时器和串口通信时,使用了标志位查询的方式。虽然表面上看起来降低了运行效率,但是这样也使得程序的流程成为单线程,整体上反而简单,提高了可靠性。

AVR 通用 Bootloader 的软件流程图如图 5－3 所示。

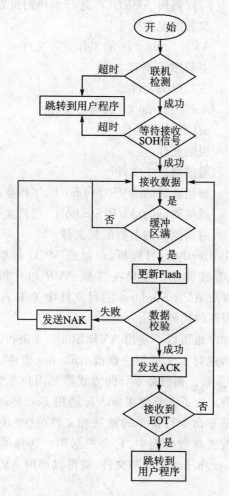

图 5－3　软件流程图

5.5.4　单片机部分

这一小节介绍使用 Bootloader 时针对 AVR 单片机部分的设置。因为 AVR 通用 Bootloader 是基于 AVRGCC 的,在 Windows 操作系统中可以使用 AVR Studio 4 和 WinAVR 进行修改和编译。AVR 通用 Bootloader V4.5 版中,使用了 AVR Studio 4.18 和 WinAVR 20100110。

1. 项目文件

当前版本的 AVR 通用 Bootloader 单片机部分包含下面的文件：

aes. c	AES 解密子函数
avrub. bat	可以调用 AVRGCC 进行编译的批处理文件
bootcfg. h	参数配置文件
bootldr. aws	AVR Studio 4 的工作空间文件
bootldr. c	主程序 C 语言文件
bootldr. h	主程序头文件
Bootldr. aps	AVR Studio 4 的项目文件
pclcrypt. c	pcl 解密子函数
readme. htm	说明文件
test. c	通信测试主文件
test. aws	通信测试的 AVR Studio 4 工作空间文件
test. aps	通信测试的 AVR Studio 4 项目文件
testcfg. h	通信测试的参数配置文件

项目文件以 AVR Butterfly 为目标板，也就是 MCU 的型号是 ATmega169，可以在 AVR Butterfly 上直接使用。如果在其他 AVR 单片机上使用，只需要修改 bootcfg. h 文件的参数以及 AVR Studio 4 项目文件中关于 AVR 单片机的型号、段地址，而无须修改其他程序的代码。

AVR 通用 Bootloader 也可以不使用 AVR Studio 4 进行开发，而通过命令行方式调用编译器进行编译，这时也无须用户修改 makefile 文件；这种方式是直接通过命令行指定编译需要的参数。通过命令行的方式需要用户非常了解 AVRGCC 的编译器指令，可能有些复杂。为了方便使用，AVR 通用 Bootloader 还提供了一个有用的功能，可以自动创建基于命令行指令的批处理文件（这个功能包含在上位机软件 AVRUBD 的自动生成配置参数功能中，它会根据用户选择的参数创建合适的批处理文件）。只需要运行 avrub. bat 批处理文件，就可以调用 AVRGCC 进行编译，并产生最终的目标文件。

通信测试文件 test 是用于检查单片机和计算机之间通信连接的，帮助用户查找串口通信功能是否正常，详细内容将在后面说明。

2. 主要参数

和 RTOS、AVRUSB 等程序一样，AVR 通用 Bootloader 是通过参数配置文件 bootcfg. h 进行相关参数设置的。在 AVR 通用 Bootloader 中参数分为如下几类：布尔量（开关量）、数值量、数组。布尔量用于允许或禁止一个功能（功能裁减），和 C 语言中规定的一样，1 代表允许，0 代表禁止（有时也可以用空白代替 0）；数值量用于设置具体的参数，如缓冲区大小、系统时钟频率、串口波特率、串口号、Bootloader 程序起始地址、时间片参数等；数组参数用于设置联机密码、解密密钥等。

　　AVR 通用 Bootloader 有多个配置参数，下面将详细说明每个参数的用途（如表 5-3 所列），读者可以根据自己的需要灵活设置。对于开关量用 0 和 1（非零）区分，设置为 0 的时候就是禁止这个功能，设置为 1 时允许该功能。使用粗体显示的变量是重要变量，需要特别加以注意。不同版本的《AVR 通用 Bootloader》配置参数有少量差异，下面是以 V4.5 版为例。

表 5-3　配置参数说明

参　　数	说　　明
BUFFERSIZE	通信缓冲区的大小。下载时，因为用户程序一般都相对比较大，而单片机的 RAM 空间比较小，所以需要分成多个包下载，下载后的数据先保存到缓冲区中，然后再填入 Flash 页面缓冲区，等 Flash 页面缓冲区填充满后，才进行数据更新。 《AVR 通用 Bootloader》使用了 XMODEM 通信协议。在默认情况下，通信缓冲区的大小是 128 字节（这是 XMODEM 协议规定的标准大小），但是为了适合不同使用环境的需求，程序允许根据需要修改通信缓冲区的大小。缓冲区的大小应当是 SPM_PAGESIZE（Flash 页面缓冲区大小常数，它是 AVRGCC 在每个型号单片机的头文件中定义的。这个参数与单片机的具体型号相关，通常都是 16 的倍数）的倍数或者约数。如果定义的通信缓冲区的大小大于 SPM_PAGESIZE，那么接收一次数据就会更新多个 Flash 页面；如果通信缓冲区的大小小于 SPM_PAGESIZE，为了保证接收到足够的数据后才去更新 Flash，程序会自动调整缓冲区的大小为 SPM_PAGESIZE（这个过程由程序自动完成，无须用户处理）
F_CPU	系统时钟的频率。在 AVR 程序中这个宏很常见，与时间相关的地方都需要使用这个常数。在这里这个参数对后面的几个与时间相关的参数有影响，如通信波特率 BAUDRATE、基本定时时间 timeclk。 F_CPU 这个参数是以 Hz 为单位计算的，因为频率参数一般都比较大，所以这个参数的后面以 UL 结尾，强制定义这个参数为无符号的长整型参数（有些 C 编译器默认数值为长整型数，但是有的 C 编译器特别是老版本的 GCC 编译器在默认情况下都将数字看作双字节的有符号整数，如果没有指定为 UL 的数据类型，就会造成数值溢出，使得后面依赖于 F_CPU 的计算出错）。 通常情况 F_CPU 是外部晶体或内部振荡器的频率，有的 AVR 单片机可以在熔丝中对系统时钟分频，那么 F_CPU 就是分频后的实际运行频率
BAUDRATE	串口通信波特率。为了避免因为在不同的时钟频率下，有些波特率的误差太大，造成串口通信误码，程序会自动计算实际的波特率误差，并在误差大于 ±2% 时给出编译错误提示，提醒用户检查参数设置。 与很多程序中舍去小数（取整）的计算方法不同，这里的频率误差是按照四舍五入计算的，这样的计算出的误差会更小

参　数	说　明
BootStart	Boot 区的起始位置,也是 Bootloader 程序自身的起始地址。 定义这个参数是为了保护 Bootloader 程序空间,避免在意外情况下 Bootloader 所在的 Flash 空间在升级时被用户程序所覆盖。如果定义了 BootStart 参数(或者 Boot-Start 不等于 0),在 Flash 更新过程中,会先检查写入 Flash 数据的地址是否超过了 BootStart 的大小;一旦超过了 BootStart,那么这个写操作将会被忽略,从而保护了 Bootloader 程序本身。 在进行数据写入校验时也需要使用到这个参数。虽然往往用户 HEX 文件中并没有包含 Bootloader 区地址,但是转为 BIN 格式后是包含 Bootloader 部分的,所以校验时也需要忽略 Bootloader 区部分。 此外在使用 SafeMode(安全模式)时,也要使用到 BootStart 参数,这样在更新失败时可以自动跳转到 BootStart 对应的地址,强制再次运行 Bootloader。 如果不需要使用校验、SafeMode 等功能,可以将这个参数定义为 0,那么程序就不会对写入 Flash 数据的位置做检查,也就是不去判断将要写入 Flash 的数据是否会覆盖 Bootloader 区。这样在意外情况下,如载入了包含 Bootloader 区地址的错误程序,那么下载时有可能会造成 Bootloader 程序本身被改写,使 Bootloader 程序被破坏。 需要注意的是,在 AVRStudio 中,Flash 大小是按照字(Word)为单位计算的(和 AVR 单片机实际的 Flash 硬件结构是一致的),但是在 AVRGCC 中,Flash 的大小还是按照字节(Byte)为单位来计算的。这也是初学者最容易混淆的问题之一,所以在程序中定义这个参数时,是用 2 * XXXX 方式进行定义,这样也会提醒读者要注意这个参数
ChipCheck	是否对写入的数据进行校验。允许数据校验将极大提高数据写入的安全性,避免因为某些情况下,写入 Flash 的数据被改变造成 Flash 编程错误。在检测到校验失败时,程序将尝试自动再次编程。 数据校验的功能只有在 ChipCheck 和 BootStart 两个参数同时定义时才有效(即都不是 0)。这是因为 Bootloader 区部分的 Flash 是不能被改写的,这部分区域的数据必然与缓冲区中的不同,所以需要忽略这部分区域数据的校验
SafeMode	安全模式,这是在 4.5 版本中增加的新功能。在安全模式下,一旦进入 Bootloader 模式后,只有在升级成功后,才能退出 Bootloader 模式;否则将强制单片机运行在 Bootloader 状态,即使系统复位或重新上电也是如此,直到升级成功。也就是说,即使在升级过程中出现错误,也不会退出升级状态,而是继续保持在升级模式中。即使将系统复位或者重新上电也不会运行用户程序,而是强制进入 Bootloader 模式,继续运行 Bootloader 程序。这样做的目的是有时出于安全考虑,需要保证升级必须成功后才运行用户程序,避免在升级没有完成时因为某些原因意外退出,造成用户程序不完整,在复位后运行错误的用户程序使系统的状态不确定,带来安全上的隐患。 在远程升级时,这个功能将非常有用,因为远程升级时出现错误的几率比较大,这样即使在升级过程中失败,也可以保证再次进行升级状态,直到升级用户程序成功为止

续表 5-3

参 数	说 明
FlagAddr	安全模式下设置的标志位在 EEPROM 中的地址。 使用安全模式时,一旦进入升级模式,程序会先在 EEPROM 中设置一个标志位,只有在升级成功后才会清除这个标志位。Bootloader 只有在检测到这个标志位被清除后,才允许退出 Bootloader 模式。标志位的地址在 FlagAddr 中设置,单位是字节,默认参数是 EEPROM 的最后一个字节(E2END)。之所以在 EEPROM 中设置标志位,是因为即使系统掉电或复位,还会保留当前的状态,这样可以增加安全性
LEVELMODE	选择进入 Bootloader 模式的方式。 0 代表通过串口接收联机密码,1 代表读取 IO 口的电平状态,根据 IO 口的电平决定是否进入 Bootloader。在使用电平模式时,与串口联机相关的那些参数是无效的,包括联机密码、等待次数等,也就是可以任意设置或者忽略它们
LEVELPORT	使用 IO 电平模式时,使用的端口号
LEVELPIN	使用 IO 电平模式时,使用的引脚序号
PINLEVEL	使用 IO 电平模式时,选择有效电平的高低。0 代表低电平有效,1 代表高电平有效。默认是低电平有效,这是因为 AVR 单片机 IO 有内部的上拉电阻,使用低电平可以省掉一个外部电阻
timeclk	基本时间片。 这是 Bootloader 处理数据的基本时间,用于等待接收联机密码。只有在一个基本时间片之内收到完整有效的联机密码,才会进入 Bootloader 模式。这样可以避免因为意外接收到包含有密码的数据而错误的进入 Bootloader 模式,特别在多机通信时非常有效。这个参数的单位是 ms。虽然 AVR 单片机可以将定时器设置得很精确,但是 Windows 系统的定时器精度并不高,通常情况下,WindowsXP 系统的普通定时器精度在 10 ms,所以 timeclk 的设置最好也是 10 ms 的倍数。 在使用超级终端软件下载时,需要将这个参数设置长一些(比如 500 ms 或者 1 000 ms),同时将密码设置短一些,保证有足够的时间手动输入密码。而在使用 AVRUBD 软件下载时,可以将时间设置短一些,密码设置长一些,这样可以提高 Bootloader 的抗干扰性能,也可以减少单片机在启动时的等待时间
TimeOutCnt	串口模式下尝试接收密码的最大次数。当超过这个指定次数还没有接收到有效的联机密码时,则退出 Bootloader 状态,跳转到用户程序。判断进入 Bootloader 模式的超时时间是 timeclk 和 TimeOutCnt 两个参数的乘积。 有些情况下,需要尽量减少上电后的等待时间,尽快运行主程序,这时可以将这两个参数设置小一些,这样总的超时时间就短。注意这个参数不要设置为 0,这样并不会使得总等待时间是 0

参　数	说　明
TimeOutCntC	联机完成后,等待有效数据的最大次数。如果超过这个次数还没有接收到有效数据,则退出 Bootloader 状态。 在使用超级终端等软件手工发送文件时,需要将这个参数定义大一些,留出足够的时间进行操作,避免因为来不及发送文件造成超时。在使用 AVRUBD 软件时,可以定义小一些,因为软件将自动发送数据,无须手工选择文件
CONNECTCNT	联机密码的长度。 在使用超级终端,通常设置为 1 或 2,太长时输入密码会容易失败;使用软件方式下载时,可以设置长一些,提高抗干扰能力。在多机通信模式时也需要设置长一些,避免通信时数据冲突。 在最新的程序中,如果将这个参数设置为 0,则忽略联机密码检测功能。这样在下载用户程序时,Bootloader 程序将不会等待接收密码,而是直接进入到等待接收数据部分,并且每个时隙向 PC 机发送一个控制字符"C",同时等待接收控制字⟨soh⟩。 在不使用联机密码时,需要将上位机软件 AVRUBD 的联机密码部分清空,这样它就不会发送联机密码了。这个功能是国外一个网友提出的,他的系统由一个使用 ARM 芯片的嵌入式 Linux 和一个 AVR 单片机组成,需要通过 Linux 更新 AVR 程序,但是为了简化系统功能又不希望使用联机密码。不使用联机密码也可以节约一定的程序空间
ConnectKey	联机密码,可以任意定义
COMPORTNo	通信时使用 AVR 单片机的串口号。对于只有一个串口的单片机,这个参数可以定义为 0 或者空;对于有多个串口的 AVR 单片机,使用串口 0 参数就定义为 0,使用串口 1 参数就定义为 1,依此类推。 使用空代表串口 0 是为了兼容 AVRGCC 对串口的定义,因为 AVRGCC 对单串口的老型号 AVR 单片机不使用数字序号(如 mega8 的 UDR 寄存器),但是对新型号的 AVR 单片机无论有多少个串口都使用了数字序号(如 mega88 的 UDR0)
WDGEn	看门狗使能。1 代表使用看门狗,0 代表禁止看门狗。默认的看门狗超时时间是 1 s,所以基本时间片参数 timeclk 不要超过 1 s,否则会引起看门狗复位。 在系统开发或试验阶段,可以禁止看门狗功能,避免系统被看门狗复位。在最终产品阶段,为了提高系统的稳定性和抗干扰性能,推荐使用看门狗
RS485	串口是否使用 RS485 方式。 为了简单,这里默认 RS485 的 RE 和 DE 是相连的,即只使用了一个 IO 控制 RS485 的收发。如果你的硬件 RE 和 DE 是分别控制的,那么需要做一点修改,分别控制 RE 和 DE
RS485PORT	RS485 控制端使用的端口
RS485TXEn	RS485 控制端使用的引脚序号
LED_En	是否使用 LED 指示通信的状态,使用 LED 可以提示升级过程的状态,方便了解运行的情况

参 数	说 明
LEDPORT	LED 使用的端口
LEDPORTNo	LED 使用的引脚序号
InitDelay	延时时间,某些旧型号的 AVR 单片机在初始化后需要延时,现在的 AVR 单片机不需要使用这个参数,可以直接设置为 0
CRCMODE	数据校验的方法,0 代表 CRC－MODEM 校验,也就是 XMODEM 协议的标准校验方式;1 代表累加和,默认值是 0。使用累加和的方式,主要是为了加快计算的速度,同时可以减少 Bootloader 程序的大小
VERBOSE	冗余模式或者叫提示模式。在这个模式下,可以在串口上将显示更多的提示信息。这个模式通常是在使用超级终端时使用,它可以在超级终端软件中显示一些提示信息。如果使用 AVRUBD 软件就不需要使用它 不使用冗余模式可以减少 Bootloader 程序的大小
msg1..msg7	冗余模式下的提示信息,可以根据需要任意修改。提示信息支持中文
Decrypt	是否使用解密功能,1 代表使用,0 代表不使用。如果使用了解密功能,那么就需要在上位机中先将用户程序加密,然后再发送数据,而单片机在接受到数据后,会先进行解密操作,再保存到数据缓冲区,最后再写入到 Flash 中。 使用解密功能时,因为需要将数据解密,还原出原始数据,所以会增加升级的时间。算法越复杂,密钥越长,解密需要的时间就越长,同时 Bootloader 程序占用的 Flash空间也越大
Algorithm	加密解密使用的算法。目前 AVR 通用 Bootloader 支持 4 种加密算法:PC1 - 128、PC1 -256、AES128、AES256,其中 AES256 加密的强度最高,解密需要的时间也最长
DecryptKey	解密使用的密钥。PC1 和 AES 加密算法都是属于对称加密算法,所以加密密钥和解密密钥是相同的。 解密时必须使用正确的密钥,否则解密出来的数据就是乱码。Bootloader 本身不会判断解密出的数据是否正确

在配置 AVR 通用 Bootloader 的参数时,可以在 Bootcfg. h 文件中手工修改,也可以使用上位机软件 AVRUBD 自动产生配置参数的功能,自动生成配置文件和对应的批处理文件。使用后一种方法不但速度快,而且不容易出错,所以推荐初学者使用这个方法。如果还没有尝试过这个功能,不妨试试看(这个功能的具体使用在下面介绍)。

3. 设置项目参数

这里介绍在 AVR Studio 4 中设置的项目文件的参数,这也是初学者比较容易出错的地方。如果不使用 AVR Studio 4 进行编译,则可以忽略本小节的内容。下面是设置的步骤:

① 在 AVR Studio 4 中打开 bootldr 项目文件,并进入项目选项设置界面,如图 5 - 4 所示。

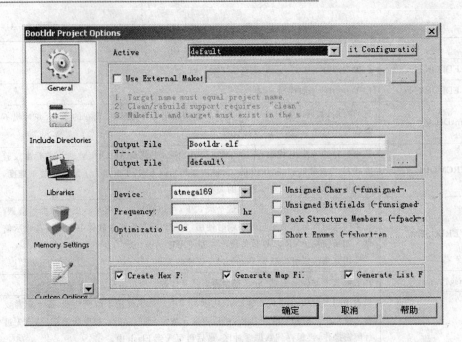

图 5 - 4 **Bootldr Project Options - General 设置**

② 在左边的选项列表中,选择 Memory Settings(内存设置)。然后添加一个段,内存类型(Memory Type)选择 Flash,名称设置为 .text,注意 text 前面有一个小数点,并且 text 是小写的,如图 5 - 5 所示。最后地址栏(Address)中输入 bootloader 的地址。特别注意的是这个地址要以 16 进制方式输入,并且是按照 word 方式计算的,而不是 byte 方式计算的,这也是很容易混淆的地方。

4. 编译项目文件

设置好 Bootloader 的参数和项目文件的参数后,就可以在 AVR Studio 4 中编译项目文件,产生最终的目标代码。如果不使用 AVR Studio 4,也可以运行批处理文件 avrub.bat 进行编译。批处理文件 avrub.bat 是由上位机软件 avrubd.exe 自动创建的,当使用自动生成配置参数功能时,则根据选择的单片机型号和参数创建批处理文件,它包含了命令行编译时需要的相关参数。详细说明参考上位机软件章节中的相关介绍。

5. 烧写代码和设置熔丝位

烧写代码就是使用编程器将编译后产生的目标代码(通常是 hex 文件)烧写到单片机中。具体的过程请参考编程器的使用说明,这里就不重复了。

编程后还需要设置熔丝位,这样 Bootloader 才能正常运行。有的编程器是先设置熔丝位,在烧写芯片时和 HEX 代码一起写入单片机,这时就需要先设置熔丝位再烧写单片机代码。这里以常用的 STK500 编程器为例,说明熔丝位的设置,对于其他

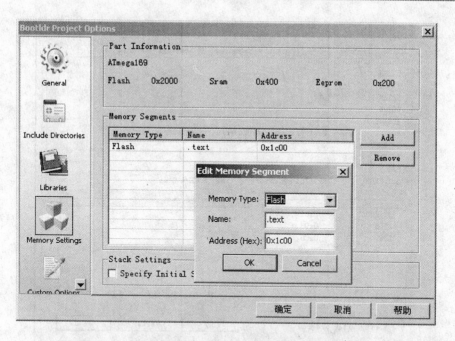

图 5-5 Bootldr Project Options——Memory Settings 设置

编程器请参考编程器的使用说明。

如图 5-6 所示,在编程器的 Fuses(熔丝位)设置中,选中 BOOTSRT 熔丝位,并根据 Bootloader 大小选择 BOOTSZ 熔丝位,Bootloader 的大小必须和 bootcfg.h 中设置的相一致。在需要的情况下,也可以设置加密位,如图 5-7 所示。

6. 检查通信

通过 Bootloader 下载前,最好先检查一下设备和计算机之间的线缆连接和通信状态,如图 5-8 所示。只有连线正确,通信正常,才能使 Bootloader 运行正常。

检查通信有很多种方法,在 AVR 通用 Bootloader 中提供了一个简单的小程序 test,专门用于检查通信的状态。先编译并用编程器下载 test 程序到单片机(这时单片机中没有写入 Bootloader 程序),然后运行 Windows 自带的超级终端软件(或其他串口通信软件)。如果通信正常,则单片机会不停地发送字符到超级终端上。默认情况下在超级终端上会不停地显示出字符 ">",这说明单片机发送部分的功能正常。如果在超级终端的窗体中按下任意的字母,则发送数据到单片机,单片机发送的数据也会变为刚才输入的字符,这样就说明计算机和单片机之间通信的收发都是正常的。如果超级终端上没有任何显示,那么说明计算机的串口接收部分工作不正常,没有收到任何数据;如果超级终端有显示,但是在输入字符后超级终端的显示没有变化,则说明计算机的串口发送部分不正常,单片机没有收到新的数据。如果超级终端显示的内容不是输入的数据,那么很可能是波特率或者时钟的设置不正确。

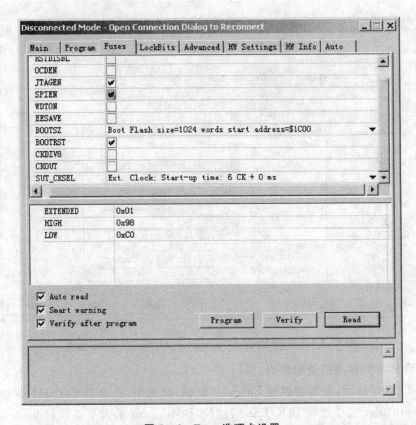

图 5 – 6　Fuses 选项卡设置

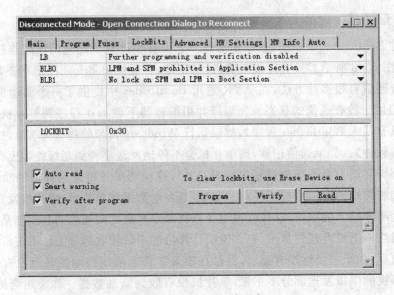

图 5 – 7　LockBits 选项卡

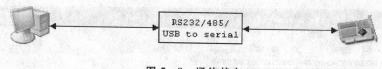

图 5-8　通信状态

5.5.5　上位机软件使用说明

AVR 通用 Bootloader 带有一个界面友好的上位机软件 AVRUBD（AVR Universal Bootloader Downloader），它是一个 Win32 程序，无须安装就可以在 Win2000、WinXP、Windows7 等标准 Windows 环境下使用（Win9x/WinNT 下没有测试过，应该也没有太大问题）。软件只有一个主程序，无须任何 DLL/OCX 文件。这个软件也是一个绿色软件，不使用注册表，而是将所有的参数保存到软件目录下的配置文件中，所以可以放在 U 盘中运行。

软件的使用并不复杂，但是因为一些读者对于 Bootloader 的使用还不太熟悉，所以下面简单介绍软件的使用。

运行软件后，则弹出如图 5-9 所示的界面。

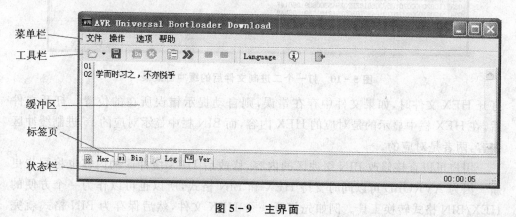

图 5-9　主界面

和大部分标准 windows 程序一样，界面由菜单栏、工具栏（包含了常用功能的按钮）、数据缓冲区以及状态栏组成。Hex 标签页中以 HEX 文件格式显示缓冲区的内容；Bin 标签页中以 16 进制方式显示的缓冲区内容，这两个缓冲区的内容是对应的；Log 标签页显示软件操作过程中的一些主要提示、记录和信息；而 Ver 标签页显示了软件的版本信息。

单击工具栏的 图标或者选择"文件→载入"菜单项，则可以打开用户的程序。打开一个 HEX 或者 BIN 文件后，则缓冲区中显示出当前文件的数据，如图 5-10 所示。单击 图标右边的下拉箭头可以快速打开历史文件（以前曾经使用过的文件），避免打开文件时需要重复选择文件，提高了效率。

AVRUBD 支持 HEX 和 BIN 两种常用的文件格式，这两种文件可以直接打开。

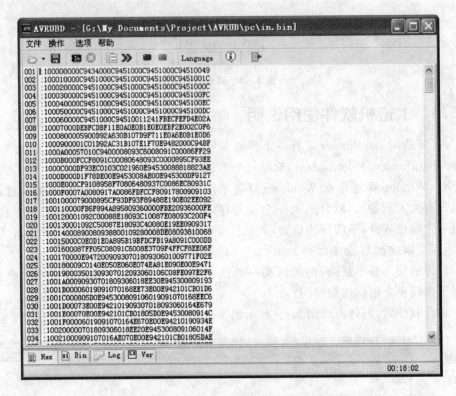

图 5 - 10　打一个二进制文件后的缓冲击效果

打开 HEX 文件时,如果文件中存在错误,则自动提示错误所在的位置。打开文件后,在 HEX 栏中显示的是对应的 HEX 内容,而 BIN 栏中显示对应的 16 进制缓冲区内容,两者是对应的。

　　用户可以直接修改 BIN 缓冲区的内容,修改后 HEX 缓冲区的内容也将同步更新。因为 AVRUBD 可以同时支持 HEX 和 BIN 格式,所以也可以作为一个方便的 HEX/BIN 格式转换工具。例如先打开一个 HEX 文件,然后保存为 BIN 格式就完成了 HEX 到 BIN 格式的转换。反过来也是一样,可以实现 BIN 到 HEX 格式的转换。需要注意的是,软件对于 HEX 文件格式只支持常规地址,不支持 32 位扩展地址(因为目前 AVR 单片机的 Flash 空间大小最大只有 256 KB)。

　　除了 HEX 和 BIN 格式外,AVRUBD 还支持一种特殊的 aub 文件格式,这种格式是软件自定义的,可以将缓冲区的数据和软件当前配置参数保存到一起,方便以后使用。下次打开以前保存的 aub 文件时,除了载入缓冲区数据外,还会自动载入软件的参数。这个功能在有多个不同参数配置的 Bootloader 时非常有用,不需要每次去修改参数,也就不容易出错了。在需要用户自行升级时,这个功能也非常有用,因为不需要用户再次去修改参数,可以有效防止因为参数设置错误造成升级失败。

1．参数设置

　　软件的参数不算太多，基本都是和 Bootcfg.h 对应的，个别参数是为了方便下载而设置的。选项分为 3 个标签，分别是 AVR、系统和串口，如图 5 - 11 所示，对应 3 个不同的参数分类。

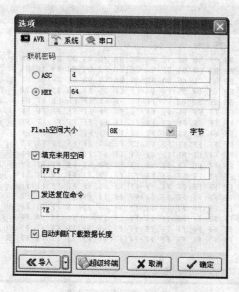

图 5 - 11　软件参数设置

➢ 联机密码，和单片机的 ConnectKey 参数对应，需要设置成和配置文件 bootcfg.h 中一样，否则是无法联机的。选择 HEX 方式时，每两个字符代表一个 16 进制密码，每两个密码之间以空格分开。选择 ASC 方式时，密码就是一个字符串。

➢ Flash 空间大小需要根据实际使用的单片机进行选择，不同型号的单片机对应不同大小的 Flash。如果载入的 HEX 文件数据超出 Flash 空间的大小，则提示缓冲区溢出，这时需要检查 HEX 文件的内容或者选择重新的 Flash 大小，这样可以防止载入错误的目标文件。Flash 空间大小这个参数还有一个重要用处是为了配合后面填充未用空间这个功能的。

➢ 填充未用空间，主要是为了提高软件的抗干扰性能而设置软件陷阱。在 51 单片机时代，这是一个很普遍的方法，就是在没有使用到的 Flash 空间中，填满跳转或者死循环命令（软件陷阱），这样在单片机受到干扰跑飞，运行到这样的位置后，就会掉入陷阱，从而快速回到正确的状态中来。在允许填充未用空间后，需要在下面的输入框中填写需要设置的填充命令，命令的格式是 16进制方式，和 HEX 联机命令格式相同。相应的命令可以通过数据手册查询相关指令的机器码，通常是填写跳转到 0x0000，或者使用死循环命令（例如默

认的 FF CF 就是这样一个死循环命令),然后等待看门狗超时进行复位。如
果不填充未用空间,那么没有使用到的 Flash 空间将填充默认值 0xFFFF。

选中填充未用空间时,则自动在未用的 Flash 空间中填充上面的指令。图 5-12
显示了填充和不填充未用空间的区别。

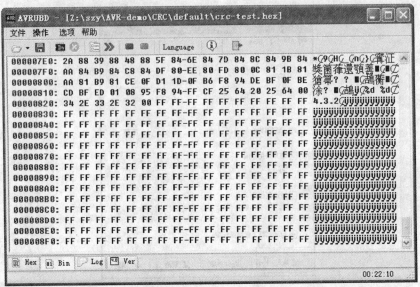

(a) 不填充未用空间时

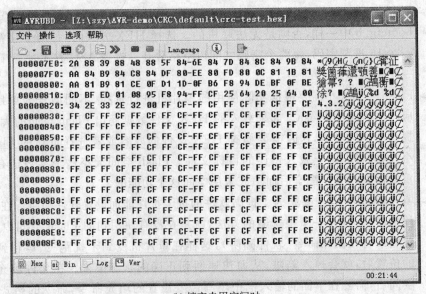

(b) 填充未用空间时

图 5-12 未用空间是否填充的效果对比图

➤ 发送复位命令,就是在发出联机命令之前,先发送一个特殊的复位命令,当用户单片机接收到这个预先设置的特殊命令后,使单片机先复位然后进入 Bootloader 模式(或直接跳转到 Bootloader 程序)。使用这个选项时,需要在用户程序中增加相应的命令配合使用,才能实现这个功能。使用复位命令时是通过串口发送的命令使得单片机系统复位的,而不需要手工方式复位系统,这样可以简化操作,加快下载速度,提高的效率,使 Bootloader 应用更加灵活。在远程升级时,一般是必须设置这个命令的。复位命令的格式和上面填充未用空间命令的格式相同。

➤ 自动判断下载数据长度,允许这个参数后,会自动根据 HEX 文件中有效数据的长度,将有效数据填充到 BIN 缓冲区。下载时就只会下载这部分有效数据,而不会下载未用到的空间,从而大大缩短下载的时间,因为不需要下载和更新完整的缓冲区内容了。一般在实验和调试阶段,可以允许这个选项,节省下载的时间。在最终产品阶段,最好就不要使用这个功能,因为这时程序中没有用到的 Flash 部分是不会被擦除和写入数据的,它可能会留下以前程序的内容,会降低系统的抗干扰性能。

➤ 通信协议,就是 PC 机软件和单片机通信使用的协议,默认是 XModem 协议,如图 5-13 所示。简化的 XModem 协议是笔者自定的,主要就是修改了校验方式,使用累加和代替了默认的 CRC 校验,减少了单片机部分代码大小。它和单片机部分的 CRCMODE 参数相对应。

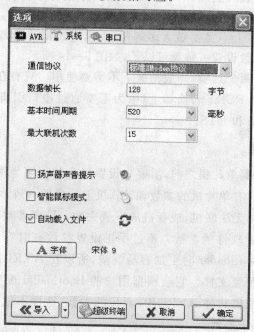

图 5-13　通信协议的设置

> 数据帧长,和单片机的 BUFFERSIZE 参数相对应。它就是一个数据包中有效数据的长度(不包括控制字和检验部分),在标准的 XModem 协议规定有效的数据长度是 128 字节。为了适应不同的应用场合和不同型号的单片机,《AVR 通用 Bootloader》支持多种不同的帧长,帧长可以是 2^N。因为不同型号的 AVR 单片机内部 Flash 页面缓冲区大小也不同,所以通信缓冲区的大小是页面缓冲区和数据帧长中较大的一个,这样才能有足够的空间保存数据。

> 基本时间周期,和单片机的 timeclk 参数相对应。

> 最大联机次数,和单片机的 TimeOutCnt 参数相对应。不过通常情况下,上位机软件的最大联机次数可以设置得比单片机的 TimeOutCnt 参数大一些,这样可以有足够的时间进行联机。

> 扬声器声音提示,当完成一次下载或者下载出现错误时,软件会自动通过扬声器发出声音进行提示。下载成功和下载失败时的声音是不同的,方便用户区分不同的状态。

> 智能鼠标模式,这个功能是模仿 Linux 下的一种鼠标操作方式。当允许这个功能后,不需要单击鼠标,只需要将鼠标移动到软件界面上需要单击的位置停留 1~2 s,就可以自动完成单击动作。这样的好处是减少鼠标单击的次数,缓解手指的疲劳。但是这种模式的操作习惯和传统方式有很大的不同,刚开始时比较容易误操作。

> 自动载入文件,这个功能就是当用户程序变化时(如重新编译后),软件自动更新后的文件载入到缓冲区中,无须用户手工打开文件。在软件调试阶段,这个功能是很方便和实用的。

> 串口参数,基本上不需要做太多解释,大家应该都清楚,就不重复了,只需要和单片机的参数设置一致就可以了,如图 5-14 所示。

> DTR 和 RTS 两个选项,一般情况下不需要使用。只有在某些使用串口窃电方式的 RS232/RS485 转换器上(因为需要通过串口引脚提供芯片电压),才需要控制 RTS 和 RTS。

2. 导入配置文件

在下载用户程序到单片机之前,需要先设置好参数。因为很多参数需要和单片机中的参数相对应,只有单片机的参数和计算机上的参数一致,才能正确地将程序下载到单片机中;否则将无法联机,或者造成下载失败。设置参数时,可以根据 Bootcfg. h 中的参数来设置软件的参数。不过手工设置参数有时容易设置错误,特别在有多个不同参数的 Bootloader 时更加容易混淆,所以在 AVRUBD 中还设置了一个有用的功能:"导入"配置文件。它会根据用户的 Bootloader 配置文件 bootcfg. h 中的参数,自动设置上位机软件 AVRUBD 对应的参数,这样不但快速方便,而且不容易设置错误或遗漏某个参数。

导入功能的使用很简单,首先打开 AVRUBD 的选项设置界面,如图 5-15 所示。单

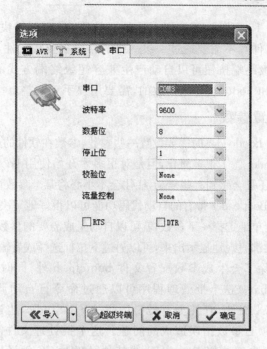

图 5 - 14　串口参数设置界面

击"导入"按钮,则弹出选择文件提示框,选择需要打开的 bootcfg. h 文件,就可以导入配置参数。导入参数后,绝大部分需要的参数都已经正确设置了。这时只需要再选择计算机使用的串口(因为只有计算机的串口号是无法自动确定的),就完成了参数设置。

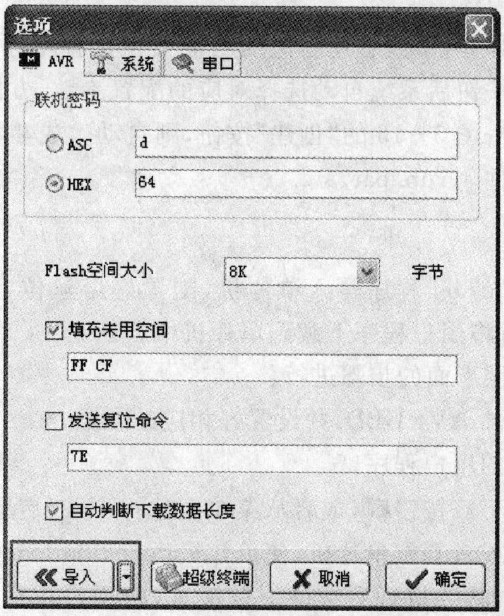

图 5 - 15　AVRUBD 的选项设置

如果单击图 5-15 中"导入"按钮右边的下拉箭头,则可以快速导入以前打开过的配置文件(历史文件),不需要通过一级一级的目录去查找文件,更加迅速方便。

图 5-15 的超级终端按钮可以自动产生兼容超级终端方式的参数,不过这时产生的参数不会自动和 bootcfg.h 相一致的,需要用户手工调整。

3. 自动生成配置参数

使用 AVR 通用 Bootloader 时需要设置一些参数,参数在软件的选项中进行设置。虽然 AVR 通用 Bootloader 做了很多简化,但是对很多才开始使用 Bootloader 的 AVR 单片机工程师而言,可能还是会感到有些复杂,往往会不小心将某个参数设置错误造成无法顺利下载。AVR 通用 Bootloader 带有的自动代码功能可以很好地解决这个问题,只需要在设置界面中用鼠标简单地选择一下参数,就可以自动生成需要的参数配置文件 bootcfg.h。所有的参数在界面上都直观地显示出来,可以通过下拉框选择或者输入。

自动代码功能除了会生成参数配置文件 bootcfg.h 外,同时还会自动生成一个批处理文件 avrub.bat。这个批处理程序可以通过命令行自动调用 AVRGCC 编译器,生成最终的 HEX 文件;它甚至不需要运行 AVR Studio,也避免了因为在 AVR Stduio 中手工设置项目参数错误造成的问题。这个批处理文件需要调用 AVRGCC 进行编译,所以需要先安装好 WinAVR 或其他 AVRGCC 编译器,并将编译器的路径添加到 Windows 系统的环境变量中(安装 WinAVR 时会自动添加)。

自动代码功能的使用很简单,在主程序界面上单击工具栏上的 >> 图标,或者按下快捷键 F11,也可以选择"操作→自动生成配置代码"菜单项,则弹出如图 5-16 所示的自动代码功能的窗体。

在界面中直接选择参数,或者用右边的功能按钮选择不同模板,如最小代码、超级终端等。按下功能按钮后系统自动选择对应的配置参数,方便用户使用。

选择好参数后单击图 5-16 的"创建"按钮,则自动生成参数配置文件 bootcfg.h 和编译用的批处理文件 avrub.bat。

4. 下载用户程序

将编译好的 Bootloader 程序写入单片机,配置好熔丝位,并设置好上位机软件的参数后,就可以随时将用户程序下载到单片机中。

程序下载可以按照下面的步骤进行:

➢ 运行上位机软件 AVRUBD,并设置好相应的参数。

➢ 打开需要下载的用户程序。

➢ 按下工具栏的下载按钮 **Dn**,或者从菜单上选择下载,启动下载过程。

➢ 给目标板上电或者复位单片机,使单片机运行 Bootloader 程序。

➢ 如果联机正常,就会执行后续的下载流程,将用户程序下载到单片机中。下载完成后,会提示下载成功,并运行用户程序;如果联机失败或者下载中出现错误,也会给出告警提示。

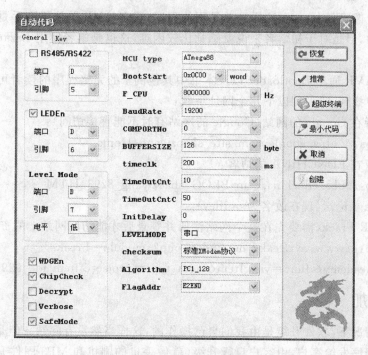

图5-16　自动代码设置

➤ 在下载过程中,可以随时按下工具栏上的❌按钮停止下载。

5. 上位机源程序说明

AVR 通用 Bootloader 的上位机软件使用了 Delphi7 开发。除了标准控件外,还使用了 Synedit(文本显示)、CPortLib(串口通信控件)、HexEdit(16 进制方式显示、编辑文件)、rlhighrestimer(高精度定时器)、btbeeper(蜂鸣器控制)、FastIniFile(增强的 Ini 控件)等几个免费的第三方控件,所以需要先安装这些第三方控件才能正确打开和编译项目文件。所有需要使用到的第三方控件和它们的下载地址在文件 readme. txt 中有说明,为了防止因为网站失效或其他原因无法下载,在作者的网站(或网盘)中也可以找到这些控件的备份。

因为 Borland 公司停止了对 Delphi 软件的开发,同时 Delphi 并不是免费的,也不支持跨平台功能,所以下一个版本的上位机软件 AVRUBD 将不再使用 Delphi 开发,而是使用开源的 Lazarus 进行开发。Lazarus 可以看作是一个跨平台和开源的 Delphi,从 IDE、热键、编辑环境、函数、使用习惯上和 Delphi 保持高度一致,很多 Delphi 程序和单元可以非常容易地移植到 Lazarus 下,只需要对源程序稍作修改甚至完全不用修改。因为它还是一个跨平台软件,号称"Once write, Compile Anywhere",就是说可以在 Windows 上写程序代码,然后在 MacOS、Linux 等操作系统下编译就可以在不同的操作系统上运行。这样 AVR 通用 Bootloader 的上位机程序就可以在 Windows、Linux、MacOS 等操作系统上运行,方便不同环境的开发者。因为 Linux

下比较缺少像 Windows 上这样简单易用的程序,很多 AVR 单片机高手是习惯于命令行方式的,但是对于初学者来说就感觉比较困难,这也是笔者使用 Lazarus 软件的原因。

需要 AVR 通用 Bootloader 以及本书中其他例子的完整程序的读者可以在本书配套光盘中找到,或者到以下几个网址下载:

> 笔者在 Google 的网站(Google 的网站有时不能直接访问):

  https://sites.google.com/site/shaoziyang/Home

> 笔者在 EDNCHINA 的博客:

  http://bbs.ednchina.com/BLOG_shaoziyang_8293.HTM

> ouravr 论坛(现在改名为 ourdev)

> AVR Fraek(需要先在这个网站注册并登录后才能访问网站上的资源):

  http://www.avrfreaks.net/index.php? module=Freaks%20Academy&func=viewItem&item_type=project&item_id=929

5.5.6 加 密

一般情况下,软件升级是由我们自己操作的,这样当然没有问题。但是有时需要将升级的程序发给客户,由客户自行升级(就像手机的刷机和 MP3 固件升级那样)。因为我们通常不希望自己的程序被其他人随意修改(HEX 文件是可以反汇编的),或者因为安全问题需要防止程序内容被泄露,这时就需要对最终的 HEX/BIN 文件进行加密处理。也就是说在发布程序前先将 HEX 文件加密,升级时串口发送的是经过加密的数据,由 Bootloader 接收后再动态解密,最后再写入单片机的 Flash 中,这样既可以方便用户使用,也具有一定的安全性。

加密的算法很多,现在通常使用的是基于密钥的加密算法,常用的有 DES、3DES、AES、BLOWFISH、TWOFISH、TEA 等(其中,DES 加密因为加密强度不够高,相对容易破解,现在已经不再继续使用了)。这些加密方法的算法是公开的,可以使用密钥对数据进行加密和解密。它们的加密强度都很高,在实际应用中也经受了广泛的验证,在没有密钥的情况下,即使是使用超级计算机进行穷举法破解,在目前的条件下需要的时间也是天文数字。这些算法中最著名、使用最广泛的加密算法是 AES(AES 是 Advanced Encryption Standard 高级加密标准的简称,是美国国家标准与技术研究所 NIST 于 2002 年从多个候选方案中选择出的)。

目前 AVR 通用 Bootloader 支持 PC1 和 AES 两种加密算法。其中,PC1 加密算法是国外网友 Luiz 推荐的,这个加密算法比较简单,使用简单的数据交换和变换进行加密,所以运行速度很快,占用资源也少。它看起来和 TEA 加密算法有些类似,估计加密强度也差不多,虽然不是特别高,但是对于一般的应用应该足够了。网上关于这个加密算法的介绍和讨论不多,有需要了解的读者可以到它的网站上查看更多说明。网站中包括了算法简单的介绍,以及不同编译器的例程源码:http://membres. multimania. fr/pc1/pc1. html。

　　AES 则是更加强劲的加密算法,也是目前加密行业公认的加密标准,是目前最安全的加密算法之一。这个加密算法的原理是公开的,但是却很难破解。如果没有正确的密钥,在目前的条件下基本可以认为是无法直接破解的。它也是属于对称加密算法,加密解密使用了相同的密钥。这里不是专门介绍加密算法,所以对算法本身不多涉及,而是将重点放在它的使用方法上,需要深入了解的读者可以在网上搜索相关资料。

　　AVR 通用 Bootloader 中的 AES 加密算法是从 Atmel 的应用笔记《AVR231:AES Bootloader》附带的程序代码中移植过来的,并针对 GCC 编译器做了一定的优化(原程序是基于 IAR 编译器的)。为了和 PC1 算法保持一致,同时也是为了简化代码,只保留了 128 位密钥和 256 位密钥方式,去掉了 192 位密钥方式。因为原来的参考程序使用起来比较繁琐,步骤也比较多(需要了解的读者可以参考 Atmel 的应用笔记《AVR231:AES Bootloader》以及它的代码,并将它的用法和 AVR 通用 Bootloader 的使用方法做一下对比),所以 AVR 通用 Bootloader 中为加密和解密的使用做了很多优化和简化,目前无论是上位机软件的使用还是单片机软件的配置,都变得非常简单和轻松,不再需要像《AVR231》中介绍的方法那样需要进行繁琐的配置和修改;操作也简化了很多。下面是具体的使用方法。

1. 单片机部分

　　在配置文件 bootcfg. h 中,先允许解密功能:

```
//允许解密
#define Decrypt            1
```

　　然后选择加密算法,例如:

```
//加密算法
#define Algorithm          PC1_128
```

　　最后设置加密解密用的密钥:

```
#if (Algorithm == PC1_128) || (Algorithm == AES_128)
//定义解密密钥: 128 位
unsigned char DecryptKey[16] = {
  0xD0, 0x94, 0x3F, 0x8C, 0x29, 0x76, 0x15, 0xD8,
  0x20, 0x40, 0xE3, 0x27, 0x45, 0xD8, 0x48, 0xAD
};
#elif (Algorithm == PC1_256) || (Algorithm == AES_256)
//定义解密密钥: 256 位
unsigned char DecryptKey[32] = {
  0xD0, 0x94, 0x3F, 0x8C, 0x29, 0x76, 0x15, 0xD8,
  0x20, 0x40, 0xE3, 0x27, 0x45, 0xD8, 0x48, 0xAD,
  0xEA, 0x8B, 0x2A, 0x73, 0x16, 0xE9, 0xB0, 0x49,
  0x45, 0xB3, 0x39, 0x28, 0x0A, 0xC3, 0x28, 0x3C
```

```
};
#endif
```

上面的定义中包含了 128 位和 256 位密钥,软件会根据选择的加密算法自动选择对应长度的密钥。如果选择了 128 位的加密算法,就修改 128 位的密钥,也就是 DecryptKey[16]数组的参数;否则需要修改 256 位的密钥,即 DecryptKey[32]部分。选择好了密钥后,一定要在一个安全的地方做好备份。如果密钥被人窃取,加密就没有任何意义了。如果密钥丢失,以后自己也会无法正常升级了。

经过以上步骤就完成了单片机部分的设置,其他的设置和不使用加密功能时完全一样。编译并将程序写入芯片后就可以使用了,使用起来和不加密时没有太大区别。下载前还需要在上位机软件 avrubd 中进行一些简单设置以及加密用户程序,然后才能下载,否则单片机解密出来的数据就是错误的数据(Bootloader 程序无法判断解密出来的数据是否正确,也不会发出任何提示)。

使用 AES 加密时,需要特别注意一下编译后程序的大小。因为 AES 加密算法相对比较复杂,所以需要占用较大的程序空间。通常情况下,程序会超过 2 KB,所以需要设置足够大的 Boot 区大小。如果既需要使用 AES 加密,又希望程序不超过 2 KB,请参考后面部分的说明。

2. 上位机软件部分

下面介绍上位机软件 avrubd 中加密程序的使用方法。

① 选择加密算法。这个算法需要和单片机的解密算法一致。选择"操作→自动生成配置代码"程序菜单项,或者单击工具栏的 >> 图标,或者按下 F11 快捷键,打开自动代码窗体,然后选择加密算法。设置方法如图 5-17 所示。

② 设置加密密钥。这个密钥必须和单片机中的解密密钥完全一致。设置方法:在自动代码窗体的 Key 选项中输入正确的密钥,选择了 128 位加密算法就输入 16 字节的密钥,256 位加密算法就需要输入 32 字节的密钥,如下图所示:

因为 PC1 和 AES 都属于对称加密算法,所以加密密钥和解密密钥是一样的。这里密钥是用 16 进制数表示,两个数之间需要用空格或者逗号分开。如果单击 Random 按钮,则可以生成随机密钥。为了保护用户密钥,则软件不会自动保存密钥,密钥需要由用户保存到安全的地方,丢失了密钥就无法正常下载并解密了。单片机和 PC 端的加密设置必须完全一样,这样加密后的程序才能正确解密。设置好加密算法和密钥后,直接单击"关闭"按钮就可以进行下一步的操作了。

③ 加密用户程序。

在工具栏上有红绿两个图标 ██ ██,红色的图标用来加密文件,绿色的图标用来解密。首先打开一个没有加密的用户程序(没有载入用户程序,缓冲区是空时,加密解密的按钮是禁用的,只有载入用户程序后才能使用这个功能),如图 5-18 所示。

然后在按下 ██ 红色图标就可以加密文件。图 5-19 显示了加密后的缓冲区内容。

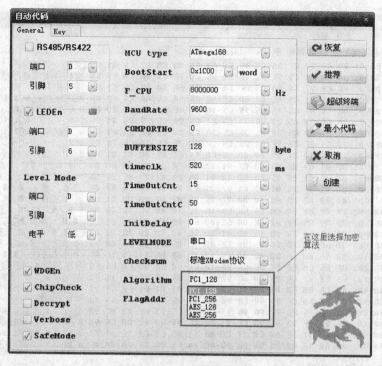

图 5 - 17　自动代码设置

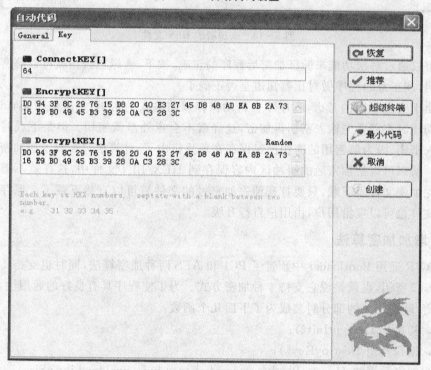

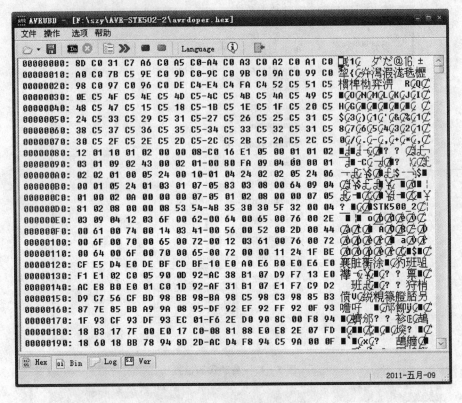

图 5 - 18　未加密的 HEX 文件

可以通过解密功能来验证加密后程序的正确,按下 绿色按钮就可以解密当前的代码,和正常的程序做对比就知道是否正确了。

出于安全原因的考虑,程序不会自动保存以前输入的密钥,每次使用 avrubd 的加密功能时都需要先输入密钥再加密,这样就不会意外泄露密钥。但是下载时无需先输入密钥,因为解密用的密钥已经保存在单片机中了,计算机只需要发送加密后的数据。所以可以把加密后的缓冲区内容保存到 HEX/BIN 文件中,这样就不需要每次都先加密文件再下载,只要打开预先加密过的文件就可以直接下载了。保存后的加密文件也可以发给用户,由用户自行升级。

3. 增加加密算法

AVR 通用 Bootloader 中预置了 PC1 和 AES 两种加密算法,同时也支持 128 位或 256 位密钥,也就是说它支持 4 种加密方式。为了使程序具有良好的通用性,程序将加密/解密相关的部分封装成为了下面几个函数:

➢ 初始化 DecryptInit();

➢ 销毁密钥 DestroyKey();

➢ 解密数据块 DecryptBlock(unsigned char * buf, unsigned int nSize)。

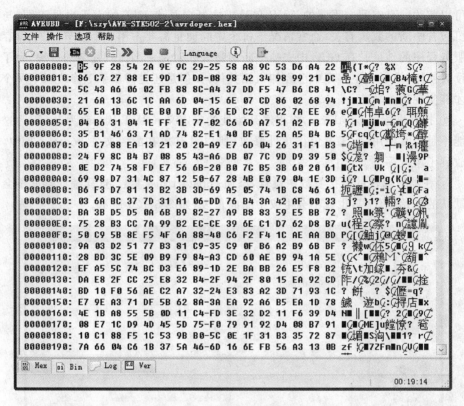

图 5－19　加密后的 HEX 文件

如果用户为了提高保密性能，或者其他原因不使用程序内置的加密算法，需要增加新的加密算法，则可以仿照程序中 PC1 和 AES 的使用方式，将新加密算法的函数封装成上面的 3 个函数，并在配置文件 Bootcfg.h 中定义加密算法的宏，这样子程序就可以直接被 Bootloader 使用，而不需要修改主程序中解密部分的代码。

增加用户自定义的加密算法后还需要修改上位机软件的加密函数，这样才能产生对应的加密文件，否则数据是无法还原的。

4. 使用 AES 加密后程序大小的问题

AES 加密算法相对复杂，占用的系统资源也比较多，需要 3 个 256 字节 RAM 块作为工作缓冲区，以及 16 字节 RAM 做密钥缓冲区。此外，子程序也占用了相当大的 Flash 空间。这样在使用 AES 加密时 Bootloader 占用的程序空间很可能会超过 2 KB，也就是说像在 ATmega8、ATmega88 等这样最大只有 2 KB Boot 空间的单片机上会存放不下。为了解决这个问题，可以尝试以下几个办法：

① 去掉中断向量表 IVT，这样可以节约几十字节 Flash 空间。默认情况下，GCC 编译器会自动创建中断向量表，即使用户程序中没有使用任何中断也会生成这个中断向量表。因为在 AVR 通用 Bootloader 中没有使用中断，所以去掉中断向量

表可以节约一点空间。不同的 AVR 单片机中断向量表 IVT 的大小也是不同，与单片机包含中断的数量有关；通常情况下每个中断向量需要占用 2 个字节，用于保存中断服务程序的地址。在 GCC 中去掉中断向量表相对是一个比较复杂的过程，为了方便读者使用，笔者在主程序中已经加入相关代码，但是还是需要手工修改以下两个位置才能实现这个功能：

ⓐ 打开主程序 bootldr. c，将程序开始处的宏定义 noIVT 从 0 改为 1。因为这个功能不是经常使用，为了避免被意外修改，所以没有放在配置文件 bootcfg. h 中，而是放到了主程序里。

ⓑ 在项目属性的链接参数中设置，添加－nostartfiles 参数，这样编译器就不会加入默认的初始化代码，也就不会生成中断向量表，如图 5－20 所示。

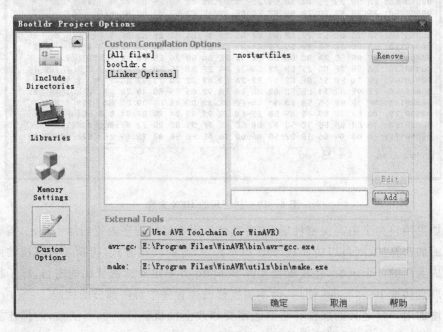

图 5－20　添加－nostartfiles 参数

② 使用 AES128，而不使用 AES256 加密算法。在大多数情况下，AES128 加密的强度其实已经足够，特别对于单片机系统的应用，AES128 已经非常强劲了，正常情况下应该说很难直接暴力破解。使用 AES128 不但占用的空间小一些，而且下载速度明显快一些（解密时消耗的时间少）。

③ 裁减一些不必要的功能，可以减少代码的大小，如不使用看门狗（WDG_En）、不使用 LED 指示（LED_En）、关闭提示信息（VERBOSE）、使用累加和校验取代 CRC 校验（CRCMODE）等。

④ 不使用联机密码，可以节约一定的程序空间。新版本的 Bootloader 允许不使用联机密码，直接等待接收用户程序，这可以通过将单片机的参数 CONNECTCNT

设置为 0 实现。

⑤ 尝试使用不同版本的 WinAVR 编译器。WinAVR 有很多个版本,不同版本的 WinAVR 编译器产生出来的目标代码大小往往也不相同。老版本的编译器产生出的代码相对小一些,比如 WinAVR20071225 版本编译出来的代码就比较小。

经过以上几个步骤,一般情况下程序会小于 2 KB。如果还不能满足要求,可以试试代码优化度更高的 IAR AVR C 编译器。IAR 的 C 编译器和 GCC 很相近,代码应该基本不用修改或者只需要做很少的修改就可以了。

5. 关于加密和破解的问题

可能有人会有这样的疑问,现在的 AVR 单片机据说比较容易被解密了,那么加密是否还有意义呢?

首先,芯片的加密/解密是一个总是相对存在的,有加密就有解密,有破解就会有新的加密方法。加密做得再好的芯片,也会因为技术的发展而存在被解密的问题。包括很多其他厂家的芯片,一开始也是宣称无法被破解的,但是随着时间推移和技术的发展也都逐渐被破解了。现在老型号的 AVR 芯片的确比较容易解密,网上很多这样的广告,据说只需要几个小时和几百元,就可以解密一个 AVR 单片机,但是新版本的 AVR 芯片就比较难解密。再往后推出的型号会使用更新的工艺和和不同的加密方式,这样应该会更加难以破解。

其次,如果用户程序能够定期升级,并增加新的功能或特性,对破解也有一定的预防作用。只要产品能够领先一步,就不怕被破解,真正有技术实力的产品往往都不过于担心这个问题。

要增加程序的安全性,除了依赖芯片本身的硬件加密外,还可以结合多种方法,如程序自校验、使用专用加密芯片、多个加密模块的组合等,增加解密的难度。虽然受到单片机资源的限制,不能像计算机那样使用很复杂的软件加密,但是只要使用一些合适的技巧和陷阱,对于整个系统的加密性能还是可以得到不错的效果的。

5.5.7　V4.5 版的错误修正

目前 AVR 通用 Bootloader 的版本是 V4.5,这个版本发布有好几年了。自从这个版发布后,陆续又发现了一些错误和问题。下面是主要的一些问题(因为新版本还没有发布,所以下面单独把它们列出来,这些问题在下一个版本中将得到修正)。

1. 关于 ATmega2560/ATmega2561 的问题

大部分 AVR 单片机的 Flash 是小于 128 KB 的,而 ATmega2560/ATmega2561 的 Flash 空间是 256 KB,也就是 128 K 字,超过了 64 K 字的寻址范围(AVR 单片机的 Flash 在内部是按照字方式访问的,所以 16 位寻址空间对应的就是 64 K ×2 = 128 K)。因为 Bootloader 所在的 BOOT 区总是位于 Flash 空间的最后位置,这样 ATmega2560/ATmega2561 的 Bootloader 就和用户程序的起始地址 0x0000 不在同一个段之内,这样就造成了跳转时无法回到用户程序起始地址 0x0000。

解决方法是在跳转是修正偏移地址。具体方法是修改文件 bootldr.c 中的 quit 函数,将跳转语句:

```
(*((void(*)(void))PROG_START))();
```

改为:

```
#ifdef EIND
  ? EIND = 0;
#endif
(*((void(*)(void))PROG_START))();
```

这个问题是国外网友 Ulrich Bangert 发现的,因为笔者没有 ATmega2560/ATmega2561 目标板,所以无法在实际硬件上验证问题是否真的解决了。不过网友据报告修改代码后 Bootloader 运行正常,在使用软件仿真时也可以看到程序能够正常跳转到 0x0000。

2. 在 SafeMode 下,跳转到 Bootloader 的地址错误

在 V4.5 版本中,增加了一个新功能安全模式(SafeMode)。在这个模式下,一旦进入升级模式(联机成功,等待接收数据才算进入升级模式,联机失败会转入用户程序),只有在升级成功后才会跳转到用户程序。如果因为任何原因造成升级失败,程序将跳转到 Bootloader 起始处再次运行 Bootloader,这时即使重新上电或者复位也不会退出升级模式。这样就可以保证在升级失败时,仍然可以停留在升级模式状态,方便继续进行升级。

不过由于笔者的疏忽,在跳转到 Bootloader 起始地址时将地址计算错误,这样会造成跳转到错误地址。解决方法是修正跳转地址,方法如下:

将文件 Bootldr.c 中的语句:

```
(*((void(*)(void))(BootStart)))();            //跳转到 bootloader
```

改为:

```
(*((void(*)(void))(BootStart/2)))();          //跳转到 bootloader
```

共有 3 处。

3. 关于数据传输时校验失败后 Bug

在数据传输时,接收完一个数据包时需要进行 CRC 校验。在 CRC 校验错误时,原来程序的设计是发送 NAK 信号,提示重新发送数据。但是因为软件中的 bug 使得缓冲区指针没有复位,这样即使重新发送了数据也无法放入缓冲区的正确位置,使得重发机制失效。一旦数据传输中出现误码,就容易出现下载失败,并提示"重试次数太多"。解决的方法是:

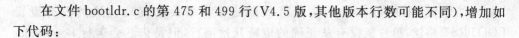

在文件 bootldr.c 的第 475 和 499 行(V4.5 版,其他版本行数可能不同),增加如下代码:

```
bufptr - = BUFFERSIZE;              //修改缓冲区地址
```

这个错误是国外网友 Ben Wilson 发现并提出解决方法的。

5.5.8 Bootloader 使用中的常见问题

下面是使用 AVR 通用 Bootloader 时比较容易出现的一些问题。有些问题不只是在 AVR 通用 Bootloader 中出现,在其他一些 AVR 单片机的 Bootloader 程序中也经常出现。

1. 打开用户 HEX/BIN 文件时提示缓冲区溢出

这是因为没有正确选择 Flash 空间的大小,造成 HEX 文件内容超出默认 Flash 空间大小。

解决方法:在软件的选项中重新选择正确的 Flash 空间大小,这样缓冲区才能放下完整的用户程序。

2. 无法联机或者联机超时

无法联机的原因有多种。常见的原因有串口参数不正确、串口线故障、上位机软件联机参数和单片机中设置不一致等。

解决方法:通常可以先检查硬件故障,再检查软件问题。检查硬件时,先检查串口和计算机之间的连接是否正常,这样可以排除物理连接上的问题(比如插头接触不良、地线没有连接好等);然后再检查上位机软件的参数设置,这些参数必须和 AVR 单片机的配置文件 bootcfg.h 中设置的相一致。比如同步时间间隔设置的不一致,就非常容易出现联机失败。

3. 只能下载一次,以后就不能下载了

这个问题很多初学者都遇到过,包括使用其他的 Bootloader 时也有这个现象。这往往是 BOOTSZ 和 BOOTRST 熔丝位设置不正确或者是 Bootloader 的段地址设置不正确造成的。通过前面的介绍读者都知道,Bootloader 程序是存放在 Boot 区的,同时 BOOTSZ 和 BOOTRST 熔丝需要正确设置,这样在单片机复位后才能正确运行 Bootloader 程序。如果 Bootloader 的段地址正确,而 BOOTSZ 和 BOOTRST 熔丝位设置错误,会出现什么情况呢? 如果没有设置 BOOTRST 熔丝,那么这个情况下复位后单片机会从地址 0x0000 开始运行。在单片机下载用户程序前(第一次下载),0x0000 处还没有用户程序,Flash 中的内容是 0xFF,除了 Bootloader 占用的一小段 Flash 空间外,Flash 空间里其他位置都是 0xFF。而 0xFF 不是一个有效的程序指令,所以程序指针会自动累加并指向下一个地址,执行下一条指令。因为这时只有 Bootloader 所在区域才有有效的指令,也就是说,程序指针一直要递增到 Bootloader 的位置,单片机才开始执行有效的指令。那么也就是说虽然没有设置 BOOTRST 熔丝,单片机没有从正确的地址开始运行,但是仍然会运行 Bootloader 程序,只是会增加一点执行无效指令的延时。因为单片机的运行速度是很快的,所以这个过程非常短,眼睛是很难感觉到的(假设系统时钟是 1 MHz,单片机 Flash 是 8 K,最多可以存放 4 K 条指令,从头到位跑一次也只需要 4 000/1 000 000＝4 ms)。下载了用户程序后,因为 0x0000 处已经存在了有效的指令了,所以再次复位后,就会立即运行用户程序,程序指针就不会递增到 Bootloader 所在的位置,也就不能再次运行 Bootloader 程序,也就是不能下载了。如果 Bootloader 的段地址错误,而 BOOTSZ 和 BOOTRST 熔丝位正确,或者 Bootloader 段地址、BOOTSZ 和 BOOTRST 熔丝位都设置错误,也会出现类似的情况(具体现象可能会稍有不同,因为复位后的系统地址不同),这里就不再重复了。

解决方法:只需要重新设置正确的熔丝位和段地址即可。

4. 下载中错误太多,造成下载失败

如果是使用单片机的内部振荡器作为时钟,有时振荡器的精度不够(单片机默认在常温进行了校正,但是在全温度范围 AVR 单片机内部时钟的误差是超过 5% 的),超过串口通信运行的 2% 误差造成通信过程中产生误码。这种情况下,可以使用精度较高的外部时钟,或者对内部振荡器的频率进行校准,一般就可以解决。

还有一种情况就是系统受到了周围环境中其他干扰信号的影响,使得数据传输过程中经常出现误码,这时需要保证系统有良好的滤波、屏蔽、接地等措施,将外部的干扰减小到最低。还有需要检查数据线和 GND 信号是否接触良好,如果连线接触不好,会增加信号线上的内阻,使得通信非常容易受到外部的干扰。

此外,电源上的干扰也是不能忽略的。有的系统使用了开关电源供电,但是电源上的稳波较大,就容易干扰通信,使得通信数据产生误码。还有的用户系统中,因为退耦电容太小(或没有退耦电容),使 Vcc 上容易出现毛刺,干扰了的通信。

还有一种可能是上位机软件参数和单片机设置的不一致,也容易出现这个问题。特别是基本时间周期参数,因为计算机的定时器精度不是很高,WindowsXP 的定时器精度一般在 10 ms 左右,所以尽量设置为 10 ms 的整数倍。

还有一个原因是在旧版本程序中存在一个 bug,一旦通信出现误码后,会使得数据重发机制失效,解决方法参见上一小节中的说明。

5. 下载后,程序不能正常运行或者不断复位

这个问题主要是 Bootloader 中使用了看门狗,而用户程序里面没有使用看门狗造成的。这样在每次复位后,单片机先运行 Bootloader 时,打开了看门狗(在 AVR 通用 Bootloader 中,看门狗的超时时间是 1 s)。当跳转到用户程序后,因为用户程序没有使用看门狗,也就不会定时清除看门狗,就造成看门狗超时复位单片机。

解决问题有两个办法,一是在用户程序中加入定时清除看门狗的命令,二是在

Bootloader 中禁用看门狗,即将 WDGEn 的定义改为 0。一般来说,在程序调试阶段,可以禁用看门狗,方便调试程序;在产品正式发布时,就应当使能看门狗,提高系统的抗干扰性能。

6. 使用 RS485 时通信错误

AVR 通用 Bootloader 支持 RS485 方式,但是为了简化使用,使用 RS485 方式时假定 RS485 芯片的收发使能引脚 RE 和 DE 是连在一起的,也就是说,只使用一个 IO 控制 RS485 的收发切换。如果用户系统的 RS485 使用两个 IO 分别控制 RE 和 DE(通常用于低功耗模式),那么就会出现 RS485 通信错误的问题。在这种情况下,需要修改 IO 的初始化以及 RS485 通信部分的函数,使得收发状态正确,这样 RS485 才能正常工作。

5.5.9 改进 AVR 通用 Bootloader

AVR 通用 Bootloader 使用了模块化的结构。虽然使用了众多的宏来增强移植性,但是代码同样具有良好的模块化,这样使得程序功能的修改和扩充变得容易和简单。

1. 修改联机方法

AVR 通用 Bootloader 中的联机方法有两种:IO 引脚上的电平和串口联机命令。这是最常用的两种方式,一般情况这样已经足够。但是实际使用的环境和要求是复杂多变的,有时可能需要采用更复杂的联机方式才能满足要求,例如:

- 多个 IO 的电平组合;
- IO 上的电平持续时间;
- IO 引脚上信号的特定时序;
- IO 上 ADC 的电压;
- SPI、I^{2}C 等外设上的预定数据。

也可以将几种方式组合使用,这样不但可以使程序更加灵活,适应不同的应用环境,也可以提高系统的抗干扰性能。

2. 改变通信接口

AVR 通用 Bootloader 使用了串口(包括 TTL/RS232/RS485/RS422/USB 转串口等方式)和计算机进行通信。这是最常用、也是最简单的方式,大部分 AVR 单片机也是使用串口作为下载接口的。但是有时在实际项目中,可能因为使用串口不方便,或者需要利用已有的一些系统资源,这时可以使用其他的通信方式,比如 I^{2}C、SPI、CAN、RF(大部分 RF 芯片是使用 SPI 接口的)、并口、USB、以太网接口(受AVR 单片机资源的限制,这时往往是使用以太网转串口或者 SPI 方式)等。

如果使用了这样的通信方式,因为在普通计算机上没有相应的接口,通常会需要一个转换器进行信号转换,比如使用 USB 转 SPI、USB 转 I²C 等。使用这些通信接口时,主要工作是对程序中串口的接收和发送部分的函数进行修改,适应新的通信接口。

3. 改变通信协议

在 AVR 通用 Bootloader 中,使用了 XMODEM 协议(因为最早马潮老师的程序就是使用了 XMODEM 协议,同时这个协议比较简单,效率较高,也是比较常用的一种通信协议)。有很多终端软件都支持 XMODEM 协议,如 Windows 的超级终端软件就支持 XMODEM 通信协议,Linux 下也有一些类似的软件。

不同的应用中可能会使用到不同的通信协议,如果需要对通信协议进行修改,或者使用不同的通信协议,那么需要在主程序 Bootldr.c 中的 mian 函数部分,修改和通信相关的代码。

4. 增加 EEPROM 更新功能

目前 AVR 通用 Bootloader 还不具有 EEPROM 数据更新的功能,不能直接通过 Bootloader 更新 EEPROM 中的内容。主要原因是不同应用中 EEPROM 的更新往往不同,有的时候是更新整个 EEPROM,有时只更新局部的数据,这样就很难统一;此外很多用户程序会在 EEPROM 中保存参数,如果随意更新 EEPROM 就容易丢失参数,所以 AVR 通用 Bootloader 中目前就没有包括这个功能。

不过,加入更新 EEPROM 的功能并不难,和 Flash 的更新一样,它主要的操作就是接收数据、写入 EEPROM。AVR 对于 EEPROM 的主要操作函数有:

```
//读取一个字节
uint8_t eeprom_read_byte (const uint8_t * __p);
//写入一个字节
void eeprom_write_byte (uint8_t * __p, uint8_t __value);
//读取一个字
uint16_t eeprom_read_word (const uint16_t * __p);
//写入一个字
void eeprom_write_word (uint16_t * __p, uint16_t __value);
```

可以看出,EEPROM 的操作比 Flash 要简单,可以直接读写,而 FLash 需要先页擦除,然后才能读写。这是因为 Flash 和 EEPROM 的工艺不同,使 FLash 在写入前需要先擦除整个页面(如果页面已经存在数据),然后才能写入。

如果要加入 EEPROM 的更新功能,就需要在上位机软件中先载入 EEPROM 的数据,然后在单片机程序中增加 EEPROM 处理部分,并且在通信中加入相关命令,这样就可以实际 EEPROM 的更新了。EEPROM 的更新既可以和 Flash 的更新放在一起,也可以做成独立的功能。

参考文献

［1］ATMEL 公司.ATmega8 单片机数据手册.

［2］ATMEL 公司.ATmega64 单片机数据手册.

［3］ATMEL 公司.AVR Butterfly 评估板用户指南.

［4］ATMEL 公司.应用笔记 AVR230：AVR230：DES Bootloader on tinyAVR and megaAVR devices.？

［5］ATMEL 公司.应用笔记 AVR231：AES Bootloader.

［6］ATMEL 公司.应用笔记 AVR310：Using the USI module as a I2C master on tinyAVR and megaAVR devices.

［7］ATMEL 公司.应用笔记 AVR319：Using the USI module for SPI communication on tinyAVR and megaAVR devices?.

［8］ATMEL 公司.应用笔记 AVR318：Dallas 1 - Wire master on tinyAVR and megaAVR devices.

［9］ATMEL 公司.MAXIAM 应用笔记 126：用软件实现 1 - Wire 通信.

参考文献